U0140483

EMPOWER
WOMEN

女性的

力量

费萼丽 著

中国科学技术出版社
·北 京·

图书在版编目（CIP）数据

女性的力量 / 费萼丽著 . -- 北京：中国科学技术
出版社，2024.5
ISBN 978-7-5236-0309-3

Ⅰ.①女… Ⅱ.①费… Ⅲ.①女性心理学 Ⅳ.
① B844.5

中国国家版本馆 CIP 数据核字 (2023) 第 220141 号

执行策划	黄　河　桂　林	
责任编辑	申永刚	
策划编辑	申永刚　褚福祎	
特约编辑	魏心遥　董莹雪	
封面设计	东合社·安宁	
版式设计	吴　颖	
责任印制	李晓霖	

出　　版	中国科学技术出版社	
发　　行	中国科学技术出版社有限公司发行部	
地　　址	北京市海淀区中关村南大街 16 号	
邮　　编	100081	
发行电话	010–62173865	
传　　真	010–62173081	
网　　址	http://www.cspbooks.com.cn	

开　　本	787mm×1092mm　1/32	
字　　数	173 千字	
印　　张	9	
版　　次	2024 年 5 月第 1 版	
印　　次	2024 年 5 月第 1 次印刷	
印　　刷	深圳市精彩印联合印务有限公司	
书　　号	ISBN 978–7–5236–0309–3/B·156	
定　　价	69.80 元	

（凡购买本社图书，如有缺页、倒页、脱页者，本社发行部负责调换）

女性的

中量

——

费兰丽

　　就我个人而言，年轻岁月走过的许是人生最坎坷的一段坡路：那里有无数的峭拔秀丽，也有无数的机遇或陷阱。

　　当我们还没长出敏锐的触觉去感知危险，也无锐利的锋芒去对抗伤害，更缺足够的底气去抵挡诱惑时，我们便易沉沦在迷茫里，堕落在欲望间，或淹没在林林总总的混沌中。如果不够幸运或果决，便怕是再也无爬出的希望，失去真正骄傲的风骨。

　　从犹豫到坚定，从疑虑到清明，这是多数人都需面对的挣扎。只有保持独立思考和不懈努力，永不放弃对光的追逐和狂热，才能在知行合一中实现梦想。

　　亲爱的女孩，请站在我的、她的、她们的肩膀上，不低头、不畏首、顶起来、立出去，直至坚不可摧！

（按姓氏笔画排序）

丁时照　国务院特殊津贴获得者
深圳报业集团社长、高级记者、学者作家

　　作者是曾经的新闻人，所以字里行间有着简洁的力量。作者是企业界人士，所以行文立意有着直击要害的力量。作者当然是女性，但是这本书超越性别叙事，具有人性的力量。我推荐《女性的力量》，企望读者从这本书中看到的不仅是女性，更是力量；热望读者读到的不仅是力量，更是智慧。

王国猛　文学博士、学者作家
深圳市文学艺术界联合会专职副主席

　　选择需要智慧，而坚持则需勇气。费蓴丽在俗世的繁华中挣扎过，在无人的旷野中独行过。如芝兰生幽谷，如莲花出淤泥。她一度彷徨，一度孤寂，然后因为坚韧不拔，因为自我救赎，终能自在从容，自我绽放，不以无人而不芳，不以万人而不往。她默默地书写时，有温暖漫流，有

柔情荡漾；侃侃而谈中，热烈抒情中，从来不乏光明，不乏力量。

《女性的力量》不仅是费荨丽心路历程的展开，也是她人生道路的抉择，相信它带给女士们的既是引领，也是陪伴，让她们前行之路不再孤身奋斗，而是知音在侧。书名虽为《女性的力量》，但亦能为男性读者带来颇多助益，"他们"通过这一视角去审视，或能更清晰地体察"她们"的内心世界，并更真切地感知到彼此的异同。

王绍培　文化学者、阅读推广人、后院读书会创始人

作为一位女性的思想家，作者把她"第一本关于幸福的书"自然而然地聚焦到"女性问题"上。因为尽管女性的能见度在各行各业的显著提升似乎已经是一个"全球性现象"，但费荨丽意识到对于每一位成长中的女性来说，个体遇到的困惑还有许多。因生命之份量是如此沉甸甸的，《女性的力量》也就此成为一本份量颇重的"大书"。

邓康延　《凤凰周刊》原主编
现任深圳国民纪录影视董事长、香港中文大学（深圳）驻校艺术家

形容女人如花的是诗人。眼前阐述女性力量的，是一个有力量有花容的女性。

作者笔名空空，在满盘社会的五颜六色里，调配着女性喜怒哀乐的原色，加注她生命的本色。她说愿将自己碾碎了重塑，去启迪她人的绽放。

女性如舟，承载着家国飘荡。有力量的舟，拉近远方。

冯玮瑜　广州市当代艺术研究院理事长、《时间的玫瑰》作者

在每一次时代浪潮中，女性都具有非凡的影响力，但随着社会发展，无数标签在不断定义着女性。读《女性的力量》，能让你突破外界给予的标签与自我设定的障碍，改变对待自己的态度，拥有肯定自我的勇气和敢于追求的心，开启不凡的人生。

朱文晖　知名媒体人

《女性的力量》这本书中讨论的话题对于不同成长阶段的女性来说都是重要的人生议题，从方向选择、容貌焦虑到原生家庭、情爱关系，莺丽与读者促膝长谈，传递着深刻的理解和充满温度的情感能量。

要想获得真正的幸福，女性不应让自己的力量在失败的冒险中被耗尽。保持独立思考、知行合一和永远向上的心，将帮助女性在任何时候都能做自己、爱自己，本书就是献给当下所有女性的力量之书。相信作者的经历可以带给女孩们很多共鸣和信心，去找到那个独一无二的自己，活出自己想要的精彩人生！

刘恒　中山大学法学院原院长、法学教授、博士生导师

《女性的力量》真实地展现了作者的心路历程和心灵蜕变。无论时空和场域如何变换，作者一直都在奔跑中思考，在思考中奔跑，在动与静的相互辉映中向我们诠释了一个现代女性的力量！现代女性应该如何走出传统的角色定位？如何不被世俗的完美所定义？如何获得内在真正的宁静和幸福？如何唤醒自己，提醒自己，成为自己，进而成为更好的自己？引人深思，催人奋进！

李卫东　中国史学会城市史专委会副会长
湖北省法律文化研究会副会长、江汉大学副校长

经历过世间万象，体会过世态炎凉；善良包容，洒脱豁达；不为容颜焦虑，不被琐事困扰。在成为一位成功的职场女性后，费萼丽依然保持思考，关注自己的内在成长。行千里路认识世界，读万卷书充实心灵，逐渐成为"阅己—越己—悦己"的新女性，活出了幸福的力量！"阅己—越己—悦己"是这本书的源起，是作者的期待，同时也是我们的期待。希望更多女性从本书中获益。

胡野秋　文化学者、作家、导演

初识费萼丽时，她是凤凰卫视的新锐记者，有着敏捷的思维与犀利的作风，浑身散发出青苹果气息，遂存入脑中。再见萼丽，她已从英伦学成归来，曾经的率真依旧，却更增理性之深邃、阅世之洞见。青苹果已熟。

萼丽无疑是独立的女性，却又没有咄咄逼人的锋芒，知性中透着优雅。所以，由她来告诉女性如何以文化和智慧赋能，便再合适不过。阅读本书的过程恰如与友人的一次品茗闲聊，醒神添智且齿颊留香。

萼丽，用自身的经历与思考，完美诠释了什么是"女性的力量"。

俱孟军　新华社亚太总分社原社长

《女性的力量》既有作者自身成长的心路历程，也有基于心理学、社会学的方法论；既有丰富的案例故事，也有笃定的思想和信念。在年轻女性的成长之路上，阅读这本书，可以成为找寻自我力量的第一步。

保持独立思考、知行合一和永远向上的心，将帮助女性在任何时候都能做自己、爱自己。

梁满林　十二、十三届全国政协委员
香港铜紫荆星章获得者、香港深圳社团总会永久会长

女性的自我实现有很多可能性，但在看似自由的许多选择里，充满着无形的枷锁，我们需要萼丽这样诚实面对自己、勇敢表达内心的女性，让偏见、刻板印象、道德审判无所遁形。推荐大家阅读《女性的力量》，感知内心具体的需要，感受自己真实的力量，去表达，去行动，去改变，在转型时代韧性生长，在"爱自己"的驱动下蜕变新生。

更重要的是，成为一个大写的人

文化学者、阅读推广人、后院读书会创始人

王绍培

才子佳人一般被认为是理想型情侣的绝配，但这并不妨碍有些人可以一身而二任，比如我的朋友费葶丽就是如此。

记得若干年前，费葶丽在后院读书会稍一露面，惊鸿一瞥，就被一众男生敏锐地捕捉到，纷纷打听这位"佳人"是谁。

而说到"才"，首先表现在她的口才上。一旦她开口，那种语言的逻辑性之强、思维的缜密度之高、遣词造句的技巧之娴熟、因学养而生成的睿智之充沛，都是很容易被发现的。她甚至直到今天在生活中仍然保有记者的习惯——那种喜欢打破砂锅问到底的好奇，也是一种对他人生命的善意关心。顺便说一句，她有极好的"听德"，总是耐心地、专注地聆听别人讲述他们的故事。

当然，她更好的部分是她的文才，或者说文采。我常常暗自赞赏，到底是受过中西两种不同文化良好教育的人，能够把中文的凝练典雅与西文的流畅多姿熔于一炉。在她的文字当中，依稀可见当年一代文人如林语堂、梁实秋等的风采，而"文如其人"这个短语也因此得以成立：费萼丽的文章是有"颜值"的，而且颇高。

以上这些话作为她即将出版的新书《女性的力量》的序言，只能算是"外围部分"。

几年前，费萼丽和我说她正在写一本关于幸福的书，这是她写的第一本书，写作的过程颇具困难。我对她说："请一定要写下去！"我相信她可以用自己的文字带给无数读者启发和力量，因为她已然是一位在经历过苦痛挣扎，体验过大风大浪后，回归自己、重获幸福的真实经验者。

从雏稿到书稿成型，我读完后的一个直觉是：一位潜在的"思想家"诞生了。这种感觉甚至让我有一点感动。在我们的身边，有太多的"文青"，但是思想家是不多的，甚至可以说是稀少的，至于女性的思想家那就更是罕见了，而费萼丽可能是一个"例外"。虽然，费萼丽能够娓娓道来、声情并茂地讲故事，但她把文章的重点放到发现问题、思考问题、梳理问题、解决问题上，这是极难能可贵的。我一向认为，"问题意识"对于任何一个写作者来说都是最重要的意识，而费萼丽非常鲜明地、完备地做到了。

作为一位女性的思想家，作者把她"第一本关于幸福的书"自然而然地聚焦到"女性问题"上。因为尽管女性的能见度在各行各业的显著提升似乎已经是一个"全球性现象"，但费萼丽意识到对于每一位成长中的女性来说，个体遇到的困惑还有许多。因此，她的第一本书名为《女性的力量》也就不奇怪了。这是一本份量颇重的"大书"，因为生命的份量本来就是沉甸甸的。

在这本书里，费萼丽涉及了每一个普通中国女性都会面对的人生的"普遍性话题"：从职业选择到实现精神与物质的独立，从两性关系的经营到年迈父母的护养……她强调"每一个战场都需要拼尽全力，每一个战场都无比挑剔"，她宣布"即使拿到一手烂牌，也要打出王炸的锋芒"……这种通彻从容的人生观，这种力争活出精彩自我的精神，确乎是非常昂扬、非常励志的。

但费萼丽并非喊喊口号，她是有操作方案的。她认为活出"内在的力量"需要修炼三颗"心"；她告诉我们如何与名利保持距离；她探讨原生家庭对我们的伤害以及我们如何超越乃至重塑原生家庭；她寻觅女性的独立与选择的自由，而这些都是颇具现代意味的话题了……

有意思的是，在费苇丽的思考中，美貌也成了她的一个研究对象。作为一个拥有"美貌"的女性，费苇丽更注重美的内在性以及多元性，这对很多有"容貌焦虑"或者是"身材焦虑"的女性来说，无疑是具有启示性意味的。

而她把生命的意义跟爱相互关联，也是意味深长乃至于可以说是用心良苦的，我们的流行文化或者说流行哲学认为，人生其实没有意义，这种说法是因为这些人没有发现爱。当我们能够爱自己、爱他人和爱世界时，我们就能找到属于我们人生的意义。

在费苇丽看来，生命是要"成为自己，而不是你的性别"——这句话意味着她超越了社会对性别角色的期望和定义，她希望女性不是只能成为女性，而是可以成为一个大写的人，集优雅柔美与执着刚毅于一身。

2023 年 6 月 25 日

亲爱的女孩，请好好长大！

若无人为你加冕，请自带王冠，做自己王国的公主！

2019 年跨年，人在伦敦。

在朋友家公寓楼的阳台上，抿着红酒的微醺观赏这座国际大都市一年一度的烟花秀盛典。深冬的北纬 51°，寒冷异常。在夜色和烟花中，我裹了裹身上的大衣，清月与烈风同时在心中照应着、涌动着。

不日，我便回国。

落定之后，我第一时间收到过不少工作邀请：有的是年薪百万的企业管理岗，有的是老领导的媒体邀约，有的是合伙创业计划，等等。在林林总总的选择中，我选择了先延续在圣安德鲁斯大学的硕士研究课题——公益慈善，以一个新人的姿态了解国内的慈善实践进展。与此同时，一并展开的是自己过往常规的过渡期处理方式：

在开始一段新的人生路途前，先回归内在，以文字的方式总结自己的上一段旅途。

拥有"一间自己的房间"，投入自己最想做的事

一百多年前，弗吉尼亚·伍尔夫（Virginia Woolf）在《一间自己的房间》（*A Room of One's Own*）里的指引，我决定遵从。在市中心的某间公寓里，花了数月打造了自己的一间房：洁白简约的客厅，摆满从世界各地收集的心爱瓷器、手工艺品，还有自己绘制的油画和喜欢的书。我用了"我自己喜欢"的标准创造了这间唯独向自己敞开的房。而在忙碌工作和极少应酬之外，我将自己的心灵安顿下来——开始写作。

伍尔夫所讲的"房间"在女性经济独立之外，还有更高的精神隐喻：一个人要从"人云亦云，亦步亦趋"的状态里出走，在尊重他人的想法主张和表达权利之外，同样还能保有自我的个性思考和特有观点。独自与过往的自己、现在的自己和未来的自己进行对话，这是一个个体独立所必须经历的重

要而隐秘的精神之旅。这样的旅程，孤独艰难但也快乐异常。

在价高位尊的职位和灯红酒绿的诱惑面前，我也曾多次问自己的内心：这样的代价是否合适？

但我最终给予了自己一个有关"yes"的答案。

正如书中第七章所写，我的人生两次在物质追求上停顿下来。

第一次的停顿，是因为发现自己似乎可以从奢侈的物欲世界中得到些许的快乐，但它们却如此短暂且转瞬即逝，真正持久的幸福之源似乎不在其中。在生活的本质意义上，作为一个自然人，我所求不多且基本属于简朴（当然，有品质的雅致简单和绝对性的节约朴素还是有区别）；

第二次的停顿，是在一次次大搬家后，不断地或主动或被动地清点自己所拥有的，尤其是大量的书籍和满柜的衣物后。我发现，自己想拥有的物质其实已经具备太多，多到远远超过自己实际所需要的。

这时，对物欲的追求开始迎来真正的内在反省：我的人生最珍贵的是什么？是金钱，还是时间？如果是时间，那么我是愿意还继续用它们来换取金钱，还是感恩老天赐予的同时，开始将珍贵的也许所剩不多的时间用在做我所有想做的事情上？

那些日子，蔡志忠先生的一段话给了我莫大的鼓励。蔡先生说：

> 三十六岁时，我清点了自己的全部财产。我想只要此后不投资、不赌钱，这点钱就足够我生活一辈子。因此，我立下誓言：从此不再跟金钱纠缠，不再切割生命去换取名利，要将余生的每一分每一秒都投入在自己想做的事情上。

这个访谈，我来来回回看了数次。尤其是当孤独和诱惑如潮水般涌来时，当反问和焦虑在万马奔腾时，他的话语无数次抚慰了我那颗孤寂的心，让我一次次在世俗的困顿中坐回书桌，倚靠着冰冷的大理石桌面，一字一句继续书写。

成为自己，随心所欲的精彩

在写作的过程中，我曾无数次凌晨四点出门，踏着月色看这个城市初始的劳作：清洁工、开食品运输车的司机、骑三轮车的小商贩以及轻快姿态跑步的人们；也曾无数次在静寂的写作中，体会到那种充实饱满的幸福心流，在如水时光中轻轻地淌过。当然，我也曾无数次地在自我否定和他人批判中苦恼、伤心和失望，但最终回神的秘方只有提醒自己：一个书写幸福的人必须在生活的磨砺中先成为一个无论外境如何变化，都能稳稳把握内心的人。

你，必须先是一个幸福的经验者，才真正有资格成为承载它力量的书写者。

终于，从 2019 到 2023 年，这本书从开始构思到饱受种种波折，最终出版完成。而这个时间线，也恰巧是生命再启和社会修复的过程。人们开始或主动或被动地发现：过去某些支撑生活的基本逻辑出现了裂痕；人们逐渐或主观或客观地发问：名利场里的成功快乐与内心由衷的微笑时刻，到底哪个才能赢得更持久的幸福？

而回归到探讨女性本身，要获得内在真正的宁静与幸福，除去自身经济和精神上的强大，同样也需警惕文化隐晦的桎梏和社会潜在的规训。所以，请充分尊重每个个体差异的同时，绕开那些成为别人希望你成为的人，冲破那些反对你成为自己的阻碍，在每一次难以避免的挫折和失败后，依然自带不可撼动的稳定与秩序感，依然保持住内在深度的自省和变革，依然挥舞着永不褪色的热诚与昂扬！

成为自己，而不是你的性别。

生而为女，随心所欲的精彩！

我迎来了内心的"辉煌时代",你呢?

当我在书房写下这些文字的时候,窗户对面四个硕大的字——辉煌时代,在霓虹灯的映射下闪闪发亮。

无论白天或黑夜,写到疲惫绵软处时,常常对着这四个字思考或者放空。我也不知道自己的辉煌时代是否真正到来,但我知道,自己已然褪去了那层灰暗悲凉的生命底色。

无论未来生活将面临何种哀或喜,我知道自己已然不是那个曾外表光鲜、内里忧郁的我。所以,是不是我的辉煌时代,又有什么关系呢?

因为我知道,自己内心的辉煌时代已经到来。

见过世间万象，
我愿寻觅内心的宁静与平衡

十多年前，研究生毕业后，我在中国顶尖媒体里做着很有成就感的职业，被称为"无冕之王"的记者；那时的我尚年轻，貌似前程一片光明。作为一个女孩，可以说那个时刻老天爷能给予我的，它都给了。

可我，并不快乐。原因有二：

其一，因为多年记者的生涯，我的采访对象遍布全球精英阶层，从权贵到巨贾。问题是，这些人虽然在他们各自的领域都极富魅力且颇有成就，可是只要稍微深入接触，就会发现他们中有些人似乎并没有配置人类基本的美德，比如善良、诚恳等。我问自己：

"这就是我想要的吗？我是否希望自己成为他们中的一员？"

答案是犹豫而矛盾的。

其二，有句古话的意思是，熙熙攘攘的人海中，只有两种船，一为名来，一为利往。问题是，一般人生命中的财富、名望等目标会带来感官的刺激和喜悦，但这些都只是暂时性的满足，不可能永远停留在刺激的巅峰。甚至有一天，这些千辛万苦赢得的名利也会反倒成为人们不快乐的主要原因之一。于是，我问自己：

"那，我该怎么办？我到底做些什么才能得到永久性的快乐和满足？"

答案是迷茫且无力的。

带着这两个问题，接下来的我又重新进入社会，深入高利润的行业，去市场经济最拥挤、人心最复杂的地方工作和生活。五年后，我选择出国接受再教育，试图通过思想的拓展、同理心的深化、视野的开阔来获得不同的视角，感受不同的人生历程。

于是，在苏格兰六百多年历史的古老图书馆里、在罗马上千年斗兽场的残垣断壁前、在雷克雅未克铺满五彩极光的绚烂夜空里，我用着一种古老的异域疗法，在全新的大陆和崭新的文化里重新审视过去的自己、过去的人生。正如《圣经·诗篇》中的一句话："你当像鸟飞往你的山（Flee as a bird to your mountain）。"

三年后，我终于回来。

与时间和空间长久以来的拉扯，得到了某种意义上的平衡。那个曾经狭小的自我不再执着于远方和出走。正如法国作家西尔万·泰松（Sylvain Tesson）在贝加尔湖畔的小木屋里，度过了六个月的独自隐居生活后所写：我的旅行总是以逃离开始，以对时间的追逐而结束。

这也是为何，当年一念心如死灰。

出国名为读书，实为逃避现实。某种意义上，世间的繁华都曾经历，却始终找不到我应该坚守的阵地和向往的幸福。

在某种意义上，上天在赐予我那片刻成功光亮的同时，还赐予我一个总想分辨善恶的脑子和一颗极其敏感的内心。脑子虽不好使，内心虽极脆弱，但也不愿从众屈从于这个时代的潜规则。

在更大的意义上来说，我放弃了"聪明人"现实的活法，而选择了去蹚那条最愚的河，走那条最笨的路。于是，蹦蹦跳跳地走出人生许多坎坷来。

分辨善恶的验证，是我曾在各种诱惑和胁迫的夹缝里，凭借自己的努力和不屈获得过职业的高峰，在没有出卖身心的情况下，成为上市公司的高管；极其敏感的验证，便是这些年我一直未曾停歇地写：在四下荒凉的异国他乡里写，在打着点滴的手术病床上写，在凌晨两三点的黑暗寂寥中写……

在文字世界里，我试图通过自我对话的方式进行自我倾诉，在昏黄的灯光下，在一字一句的敲打声中，苦苦寻觅那份由宁静中生出的内心平衡。

某种程度上，在善恶之间这些看着虚的问题上的讨论和明确，其实也是一个势单力薄的年轻女性，试图在她所面对特殊的境遇里，想从人生意义和生活实处，来理性探讨饱满、有尊严地活下去的幸福根源。

生活从未饶过任何一个人。哪怕你活得再优秀，在别人眼里再光鲜亮丽，也照样要承受来自生活的压力和苦难。刘震云在《一句顶一万句》中写道："世上所有的事情都经不起推敲，一推敲，每一件都藏着委屈。"

这就是生活的真相。

如果生活太苦，不如放过自己；当改变不了世界，我们能做的不过就是与自己和解。在现实面前，我们无数次被碾压得支离破碎，拼尽余生都在修修补补。

面对生命，最好的状态是打开

电影《一代宗师》里宫二说："习武之人有三个阶段：见自己，见天地，见众生。"

这些年，感谢职业和际遇，我住过破败渔船，吃过米其林餐厅，窝过蟑螂工棚，享用过五六星级酒店，拍过凌晨四点深山峰顶庙外的朝阳，也在凄风冷雨的深夜中情不自禁地号啕大哭过，当然，也仰望过极光，逛过巴黎圣母院，溜达了小半个地球。

人间的繁华虽没有落在过我的名下，但某种意义上我也曾万花丛中过。我也感谢非凡的际遇，我所在的城市，我的青春刚好与它的蓬勃成长一路相随。我见过它的日出日落、日新月异，也见过在这其中的人们财富瞬间通天，但也见过他们从风口极速溃败的悲剧。也是因这份"见"，让我对极速膨胀的财富渴求失去了本能的冲动。

作为一个曾经经过荒芜的人，我见过茫茫大地真干净的廖然，见过人性顷刻之间的阴郁与幽暗，见过亲情、友情和所谓爱情等世间各种情爱在利益面前转瞬即逝的漠然和无望。

我想化身电影《朱莉和朱莉亚》的大厨，以从万里路和万卷书中获得的有关"幸福"的智慧为食材，细心地烹饪成普通人都能品尝的美味；用更普世一些的手法来写作，将生活磨砺的种种体验化成大家都能明了的文字。

同时，写作的过程也是一次有意识的自我修缮和重建，更是一场对我过去人生深层次的自我梳理。它也是为你而写：为解决人生困惑而写，为透过世间凉薄去获温暖而写，为穿过坎坷寻觅安定而写，为如何有效地与他人交往，获得平和且丰盈的人生而写。

作为一个三十多岁的女性，我还想分享的是：该如何应对这个年龄段的真实困境和突围，以及自身的经历对她人人生的启发。因为女到三十，是在赶往另一个战场：从职场升迁到家族成长，从两性关系的经营到年迈父母的护养。

每一个战场都需要拼尽全力，每一个战场都无比挑剔。如何靠自己的努力和奋斗来改变命运，而不是依靠运气或依附他人来摆脱"三十而已"的泥潭；甚至，即便拿到一手烂牌，也能打出王炸的锋芒。

终究而言，面对生命，最好的状态不是逃避，是打开；越受伤，越打开；越打开，越坦然。

◀ 德国小镇图宾根，在诺贝尔文学奖获得者赫尔曼·黑塞少年打工的古董书店 J. J. Heckenhauer 里翻阅古籍。

目 录

EMPOWER WOMEN

女性的

力量

01 / 第一章　　HAPPINESS

幸福的真谛，就是活出内在的力量

放缓脚步，投入与内心的深度对话

Happiness

Happiness —— 幸福

这一切都等着你去探索，

攥紧你手中的火炬，

首先照亮自己的灵魂，

发现其中的深刻与肤浅、

虚荣与慷慨，

认清自己的意义，

无论你美或平凡。

《一间自己的房间》

弗吉尼亚·伍尔夫

生而为人，我们都曾纯真而可爱，善良而大方，都曾带着许多美好的品质向前奔走。遗憾的是，我们中的不少人会在五光十色的成人路上被岁月碾轧或逐渐迷失。当理想的生活与现实的世界遭遇巨大差距之时，人们要做的不是随众蜂拥而上去做什么，而是修正自己的定力，静下来加深与内在自我的联结。

在我的个人标准里，那些不苟且、不应付、不把追求财富和名利作为终极理想，却将维护自己的内在美德和内心安宁当成最大追求的人，才值得深深认可和尊敬。

那些年的我，曾远远观望过不少在名利场上坐拥无数战利品的巨人，权力与金钱并没有给他们带来内心深处的快乐，反倒让他们在无尽膨胀的欲望里失去了本性的美德和真实的幸福。

环顾四周也不难发现：在解决基本的衣食住行后，不少人过着看似繁花似锦的物质生活，内心的激情却似已消耗殆尽。不少人与朋友一起时，可打闹、可玩笑，但这些欢乐的光就仿佛昙花一现般，短暂乐完就刹那间过了；当恢复到独自一人时，就会立马套上麻木的空壳，而后以最快的速度暗淡下来。那抑郁阴影笼罩的黑暗，是多少束光都照不亮的时刻。

这到底是为什么呢？

你在扮演谁？你想成为谁？

虽然角色扮演（cosplay）是年轻人在现实生活中模仿漫画和游戏里的人物，但日常生活对不少成年人而言，何尝不是一场戴着面具、假痴假呆、诈哑佯聋的角色扮演：

◇ 我们定时做该做的事、见该见的人；

◇ 为了生存，说着讨好他人的客气话；

◇ 发些言不由衷的励志文字来填充朋友圈；

◇ 用搞笑与漫不经心来掩盖内心的创伤；

◇ 假装玩世不恭以忘记失败与困境；

◇ 朋友圈看似成百上千友人的热闹，苦闷时电话簿翻遍却也找不到可聊的人；

◇ 看似很忙的工作实则却只在无意义重复，看不到前行的动
　　力和意义……

于是，当世界偶尔安静下来，深夜不得不面对自己内心的时刻，一种觉得"一切都没意思，也不知生活的意义到底在何处"的空虚感就会冒出来。

在这充满压力和困惑的世界里，如何转痛苦为安乐；如何让事业合乎良心道德；如何走入婚姻，好好经营情感；如何在社会规范之内活出自我的个体价值……似乎是一个又一个难以找到答案的难题。

我们都是"82 年生的金智英"

当下，随着越来越多女性参与到社会生产的各个领域，大量女性精英的崛起，某种程度上意味着一股生机勃发且自强不息的女性力量之觉醒。无论是传统或新兴媒体，对女性要独立自信、活出自我都浓墨重彩地加以渲染。

但我们放眼现实，普通女性的家庭、工作、情感等成长的每一步依然都充斥着难言之隐。尽管现代女性的地位已经大大改善，但在家庭和职场中的女性，依旧面临多种自我角色的冲突。

《82 年生的金智英》虽是一部韩国电影，但金智英作为一个群体

形象的代表性人物，所呈现的却是不少亚洲女性的生活缩影。电影播出后，在韩国及亚洲获得两极分化的评分，不少男性对其羞辱谩骂、怒气指责，很多女性却感同身受甚至痛哭流涕。因为电影所呈现的赤裸现实，毋庸置疑地戳中了身为女性的各种痛点：成人后身材和容貌焦虑；单身时求偶的焦虑；产前的焦虑和产后的抑郁；抚养与教育孩子的焦虑；外加创业或打工、车贷房贷、人情世故、两性相处、婆媳关系等延伸出的各种压力。

其实，不只是婚姻生活，职场中的女性除要兼顾社会显性或隐性的贤妻良母式家庭责任的规训，更要面临对事业女强人的性别偏见和能力发展限制的考验。

在企业工作时，女性常遇到的困境是：当两位实力相当的竞争者争取同一个职位时，已婚未育或未婚未育的女性很容易就成为被排除的弱势选项，因为母职天性让人无法回避她将来可能因为生育而带来的潜在精力分散。这份担忧随时在提醒决策者，未来的她很有可能无法以全部热忱投入工作。最终，她也会因而很大可能失去这份宝贵的工作机会。

当然，焦虑等负面的情绪感受不单属于女性。当从性别的坑洞中爬出来，我们会发现：幸福的人都是相似的；不幸的根源，其实也是雷同的。

实际上，除去生老病死这种难以逃避的身体苦痛，人多数时候的痛苦来自精神的困局。换句话说，幸福这种积极情绪的丧失，很大程度来自人们无法感受到自己真实的存在，从而无法贴切地察觉自己的感受和情绪，不能理解自己真正的需求和欲望；我们在社会责任和周遭舆论的合力推动下，选择那些外部世界认为好的目标和方式来生活，一味盲从于周围环境对自己的要求而含混行事，却无法基于自我觉察，作出清醒符合内在的行为选择。女性是如此，男性又何尝不是呢？

这就是当下许多人的心理困境：尽管心力交瘁且枯燥无味，却只能兢兢业业地前行，忙碌和劳累之中丧失了兴趣和希望，幸福感也越来越远。

世界上不快乐的人很多，美女安娜也是其中一个。当年，中央美院毕业、热爱画画的她依靠年轻的勇猛赚得对外贸易的第一桶金，而后顺风顺水成为美国某科技企业驻中国的代理商。

很快，三十出头的安娜从敦煌壁画的绘者变为有美貌、有学历、有财富、有男友、有公司、有身份的小老板。但这些外在的羽毛和光环并不能阻挡她在难以入眠的深夜，静下心来面对热爱绘画的自己时，感觉被一种浑浑噩噩的状态缠绕，"活死人"般的空虚感四处蔓延。每天强颜欢笑却自相矛盾，甚至在重要的亲密关系里都无法表达真实的自我。日复一日，安娜感觉自己被关在一个四周密闭的蚌壳里，无法呼吸。

终于有一天，她开始问自己：人这一生，到底有多少时间是为他人的标准而活？有多少时间是为了自己内心的火花而绽放？到底是安于世俗沉溺于金钱诱惑，还是在众人的惊讶甚至反对声中回归自我，从挚爱的绘画重新起步呢？

安娜是我的朋友，也是无数个"我们"中的一员。当我们开始打破周遭的桎梏，开始反问真实的自我到底需要什么时，属于个体本身的幸福感才会随之到来。

— EMPOWER WOMEN —

容许自己带着问题生活，在沉闷的空间里打起精神，把每一个此刻都变成幸福的节日。

女性的*力量*

独立思辨，抵御三大消极思维源头

认知心理学家史蒂芬·平克（Steven Pinker）在《当下的启蒙》（*Enlightenment Now*）中谈道：作为古老生物系统反馈的产物，幸福除了来自自身的体验和积极情绪，更重要的是，还取决于我们对自己生活的评价。

当我们觉得不幸福时，就会想方设法争取那些可改善处境的资源；当我们感觉幸福时，就会变得安于现状。但幸福与否并非绝对客观，很多时候来自个体的主观感受。

换句话说，多数时候不是客观世界决定幸福与否，而是人的主观判断决定了其对人、事的积极或消极的评价，从而决定幸福与否。

即便身处同一事件中，有人会觉得非常幸福，可另一个人就觉得很不如意。多数时候，伤害我们的并非外在世界本身，而是人对外在世界的主观认知和判断，我们可以将其总结为三大消极思维源头。

源头一：为获得群体认同，失去部分自我。

心理学家古斯塔夫·勒庞（Gustave Le Bon）的《乌合之众》（The Crowd）清晰阐释了群体聚集时思维的运作模式：人群聚集时，个体通常是没有思考能力的，且多数会处于低智商的状态。为了获得群体认同，大多个体情愿抛弃理性和是非判断，用个人智商去换取那份所谓安全的群体归属感。正因如此，大多数人在选择自己的人生该走哪条路的时候，通常是从众的。

在原始时代，人的从众行为使得个体可依赖群体的共同力量而生存下来。但随时代变迁和文明进步，个体在通往幸福的路上产生了自我选择的需要。

此刻，如果还一味地从众，就会出现失去自我的可能，很多人的不快乐便由此而来：不带大脑思考的生活，表面上看轻松省力不承担责任，但当个体的判断能力被群体所吞噬，失去基本的独立思考后，就易做出违反自己初衷甚至导致严重后果的事情。

当然，生活在这个时代是幸运的。人在工作、恋爱、结婚等重大人生议题中，多了不少选择的权利；生活在这个时代也可说是不幸的，多样化世界的出现，也使人们在"跟随大众"还是"独立特行"的人生十字路口迷茫和踟蹰。

> EMPOWER WOMEN
>
> 他人是他人，我是我。在大量的阅读和思考后，在不伤害他人及社会的前提下，我想人可以按照自己内心所决定的方式生活。
>
> 女性的声音

正如在日剧《女人四十》中，原本一贯奉行不婚主义的单身高级白领、35 岁的奈央，因为被年轻下属抢去主编的位置，心里一时失衡而委从世俗，走进了看似良配的婚姻——嫁给了众人艳羡但自己却不甚喜欢的"高富帅"高木。

相识多年的闺蜜清楚奈央心底对婚姻的抗拒，问她："究竟是别人觉得你幸福重要，还是你觉得自己幸福重要？"果然，一旦重拾自我思考的机会，奈央的选择便不难预测：毅然放弃世俗认同却充满彼此价值利用的非爱婚姻，回归单身做回真正的自己。

电视剧里的奈央是幸运的，她有试错且不断重新调整的机会和资本，但真实世界很少给人低成本的纠错机会。更重要的是，世俗中挣扎沉浮的人们，受困的除了情欲，还有物欲等其他种种。这些欲望总带着刺激的面具而来，但在兴奋的快乐如潮水般退去后，被即兴满足填充的现代人却越发不易获得长久的幸福——在社会持续而高效运转的生产链条下，每个人都像零件一样，陷入流水线般的生活和工作中，逐渐麻木地走向趋同：

他有，我也应该有；我会不会因此快乐，不知道。

这份麻木让我们与自己内心撕裂，无法感知自己的真实需求，更失去了对生活的本真兴趣；即使偶尔感知到自己的内心，也无力甚至不敢真正面对它。而这份趋同性，也让我们与他人看似表面日益相近，但内里却相互生疏淡漠，自成孤岛。

在彼此难以信任的情况下，利益交换成为人们相互交往的唯一重心；当交换利益的链条撕裂，再深的交情或血缘都难免一拍两散的结局。

源头二：可得性法则常使人陷入消极而无力自拔。

心理学上的"可得性法则"，指人们很多时候只简单依据他们对事件的已有信息做决定，而不去寻找其他相关的信息。也就是说，当人在判断一件事发生的可能性时，只会依据某些刺激频率比较高的信息，来获得"抄近路"的结论。

这样不经甄别的认知方式，使得人们常常陷入"偏听则暗"的困境，不断增加的偏差信息获取概率，更推动人们掉入消极思维的陷阱。尤其当恐慌发生时，陷入忙乱中的大众更易失去理性的辨别能力，许多正常情况下根本经不起推敲的非理性观点，此刻反而能轻而易举地得到认可甚至推广。

此外，在危急情况下，人们出于自我保护和紧急避险的需要，对坏消息的接纳和吸收力会更高。这也是为何文学创作中苦情的悲剧更易被广泛流传，媒体或者热搜上负面新闻更吸引眼球。不少媒体为了吸引流量，也有意识地传播坏消息以喂养受众大脑；人们越易被坏消息吸引，就越发接收到更多坏消息冲击。

虽然末日不会轻易来临，但负面消息一再盘旋于思维之上时，情绪的天空便只会看到黑暗，会陷入世界仿佛永远都危机四伏的怪圈，在不断的恶性循环中，人们便更易与积极光明的幸福失之交臂了。

源头三：双重标准让同样的世界出现黑白两色。

人们评判自己和世界时，往往会根据利益喜好使用"双重标准"，从而作出截然不同的判断。简单来说，人们多数对自身事情比较乐观，而对他人他事的趋势判断相对悲观。

2019 年，我回国。

从机场打车回家的路上，出租车司机告诉我："你真是挑错了时间回来。今年是过去十年最差的一年，却是未来十年最好的一年。"

我问他："那您的个人生活会因此而有什么变化呢？"

他哈哈大笑："我有房有车，老婆孩子都在身边。不论外界环境如何，幸福不会改变。"

这就是人性的双标。

对比历史数据，过去的自杀率要高于现代社会；对比过去的物质生活，现代的人们总体上更富足；社交媒体的发达，也让我们与世界的连接比之前紧密。但人们的预期也在随之提升，当生活并未达预期时，惶恐、焦虑和抑郁就会不期而遇。

当然，感受到消极并非坏事。在更大意义上，它是人类求生本性的心理机制。当我们能够看清本质并强化自己的思维体系，就为抵御心理消极趋同和负面情绪感染的群体思维，增添了获胜的筹码。

与人类的整体命运相比，个体的生命走向莫若于一粒细沙之于整个撒哈拉大沙漠。当时代扬起巨大的沙尘，再强悍的个体都无法抵抗。唯有冷静下来，借助而非顺从群体的力量，不断完善和升级自己的知识体系，客观理性地思辨事情的真实面貌，才有可能在一片慌乱中获得"众人皆醉我独醒"的幸福力。

沉淀收获的三颗"心"，相信你我都可得

社会高度发展，科技高速进步，社会对我们工作效率的要求也越

发提高。但，人不是机器。在高效能、厚利润等冰冷数据的背后，生而为人的鲜活身体、情绪感受理当受到重视。毕竟，如果在情感世界里感受不到快乐，优越的物质条件可能只会引向痛苦深重的人生。

要想抵御消极思维带来的不幸福，我有一些由经历沉淀下来的故事，想分享给你。

故事一：降低预期，早日修炼"出离心"。

我们之所以总看到世界的不完美，只因自身对人或事有太多不切实际的完美期待。求而不得的困境，便成了执念。例如，之前全心全意帮了他人忙，而在自己需要帮助时，对方却没如我所愿给以回报。内心会因期望落空而痛苦，便是人之常情了。

多年前，我曾在一位老友陷入囹圄时伸出援手，无偿帮其追回企业股份和巨额资金。数月后，恰逢自己小有难处，试探着问了他一句，不料对方飞快地逃避。

从此，"查无此人"。

有很长的时间，我非常生气，甚至因此迁怒世间的很多友谊，心寒且很难相信朋友。待千山万水走过，才幡然醒悟：世间万物总有取舍。

那位曾经的朋友选择了他认为更重要的财富，而舍弃了回帮我。若是因为没有被选择而心生怨怼，那世间可能有太多不可原谅之处。毕竟，任何人其实都没责任要"以我为先"。

世界有其正在运行的规律，不以人的意愿为转移。其中就包括人与人的关系。如此，对它最好的处理方式不过是：顺其自然。

毕竟，回归初心——最初我之所以愿意无偿帮朋友，也未曾预设其一定要回报。若能以此换回同样的真心和回馈，固然可喜；若是没有，也没什么可后悔。如此，不过是看清了一段本不踏实的情谊，却无须将所有的友谊都归之冰窖。

因世间之事，无绝对完美；故生而为人，无极至完人。

一旦对事物的本质、对人之弱点有充分的了解，便需充分降低对事或人的发展预期，对其可能的不如吾意之走向保持一份体谅和接纳。只有这样，当事情超过想象的好，我们会高兴；若是不能如愿以偿，也低不过之前的最差预设，我们的心才会处之泰然。

我曾参加过一个访谈。

主持人说他曾请朋友留下档期来参加节目，结果对方明明有空却推辞说自己刚好有其他的安排，三两次都是如此。

刚开始，主持人也很生气。直到岁月逐渐淬炼，他才慢慢豁达起来：某种意义上，朋友愿意编个理由来拒绝你，同样也是情分的一种。虽非友谊的最高等级之两肋插刀，但也好过完全不回复的冷漠忽视。

比上不足、比下有余的关系，比比皆是。毕竟，"水至清则无鱼，人至察则无徒"，活在人世间，大可不必如此较真儿。求人帮忙时，不如留有让人拒绝甚至撒谎推辞的余地，才是很多君子之交能持之以恒的根本。

当然，降低预期是缓兵之计。在岁月的打磨下，从"律他从严"的执着藩篱中出走，才更为关键。历经千帆的人们，终会了悟到：拒绝本是社会相处的一部分；争吵本是婚姻沟通的一部分；压力也是职场生存的一部分；冲突更是人际关系前行的一部分。生命中的如此种种，不来不去，不迎不拒。

> EMPOWER WOMEN
>
> 在纷纷扰扰的世界里，从对他人的过分关注中出走，退避到内心宁静的瓦尔登湖散步，寻找到真正属于自我的幸福。
>
> 女性的力量

这些年，我身边常带着一个迷你版的英汉字典，不是因为对英语的迷恋；而是字典上有已过世的父亲，在我当年临上大学前赠写的八字箴言："律己从严，律他从宽。"

虽短短八字，却掷地有声。世间三件事：一是老天爷的事，二是他人的事，均非你我所能控制，唯独第三件自己的事，才有些许的掌控力。正因如此，当事态不如我所设想的那般发展，他人也不一定能如我所愿的回应时，除了付出努力之外，剩下的只有淡然抽离。

不再执着于吃饭一定用自己喜欢的玻璃器皿；不再执着于真诚待人，对方却没回之以礼；不在乎真心给予定会收到对等回馈。当试着从旧有的执着中抽离出来，我们才会真正感受身心的自由，从容易被他人他事控制甚至激怒的状态中走出来。

这份放下控制的出离，才是真正的内心强大。

时间是生活最好的疗愈剂。有些伤口的疗愈时间比较短，可能几天或几周；有些伤痛的疗愈时间会很漫长，可能几月甚至几年。但再艰难的苦痛，只要熬过了时间，便有迎来胜利和曙光的一天！

正如看一场电影，我们知道它是一场戏，大概清楚它的走向。即便如此，我们依然能沉浸在剧情中，感受其中的悲欢离合。当起身散场时，我们能随时抽离，锻炼出那份强大的出离心：毫不在乎那些曾轻易激怒我们的人，且毫不在意那些曾重若千斤的事；留下剧中那些苦痛的飞短流长，只带走沉浸其中时获得的领悟和智慧。

这便是自由的开始，也是时间的力量，更是幸福的起源。

故事二：在欲望和能力、理想和现实之间寻找"平衡心"。

对抗无聊，需要欲望；但欲望过剩，又带来痛苦。

唯一之道，只有平衡。世间有些困境是显而易见的：物质的困顿贫乏，情感的形单影只；但是，还有一些困窘是无路可宣泄的，比如叔本华所说人生摆钟的另一面——无聊。

年轻时充满斗志和理想的人们，憧憬未来的美好和成功。但人生走到一定阶段，我们要么像泄了气的皮球，发现怎样都无力逃脱命运的摆布；要么心灰意冷地发现，即便辛苦爬到了山的另一边，看久了的美景依然会让人麻木且不欢喜。

如此，痛苦和无聊就成了生活的常态：欲望不实现就痛苦，欲望实现了，很快就会步入无聊。强烈的欲望和起伏的情绪，甚至是这个欲望和下一个欲望之间的切换，都让我们的幸福感在瞬间跌宕起伏。

在叔本华看来，唯有如同入定的高僧般止息自己的意志与欲求，才能获得最终的幸福。但生而为人，欲望是世俗中人前进动力的一部分。止息欲望而获得平静，和止住呼吸而获得安宁是一样的道理。当人失去欲望的时刻，生命的活力也因此而丧失。

到底该怎么办呢？让我们看看北大教授钱理群先生的经历。

作为 1960 年北大毕业的天之骄子，钱理群在困难时期被分配到贵州一所学校教语文。在边远山区，城市长大的他遭遇了物质贫乏和精神饥饿的双重挑战。即便想逃离当时的恶劣环境，在那个没单位批准绝不可自由流动的年代，几乎不可能。

只能留下的他，可以选择牢骚满腹，因为无法逃离的时代囹圄困住了满腹才华；他也可以选择无聊，乡间的教学生活若是顺流而下，同样不过日食三餐、平庸无常。

但钱理群却从普通人都可能会深陷的痛苦或无所事事中超脱出来。他选择了第三条路——用十八年的时间设定并践行了一个"冯谖二窟"的方案。

第一窟，是从现实条件出发，树立了能实现的目标：下决心成为在穷乡僻壤挖掘并培养学生美好内心的好老师。这个目标因有可落地的土壤而相对容易实现，一年又一年的教学与师生互动，让他在艰苦的物质条件下，依旧能感受到生活的诗意和人性的美好。

第二窟，则是从内在理想出发，树立将来回北大做研究的目标，即便当时无法预计要等待和积蓄多少年的光阴。但，正因有了这样美好的理想支撑内心，他才能经受住漫漫岁月的磨砺，在任何艰难中都未曾放弃过读书、思考和写作，保持着心灵的美好与完整。

事实上，上天未曾辜负这份坚定与努力。

在他即将超过报考年龄的最后一年，三十九岁的钱理群等来了人生中唯一的一次报名机会，他也用十八年的不懈努力妥妥地抓住了它。而后的四十多年，钱理群重新回到了他来的地方——北京大学，用学术和良知践行着自己一生的梦想和使命。

让心灵归附宁静不一定是人生的目标，但能让我们在品尝人间烟火的苦乐之中，理解人之本性并洞察事情的本质；在动荡的生活追求之上，积蓄力量重回高峰；最终，在理想和现实之间寻找一个可实现的平衡，这便是在俗世中获得幸福的真相。

钱理群教授做到了，相信你我也都可以。

故事三：突破名利的桎梏，探寻内在的"幸福心"。

名利金字塔之巅，云雾缭绕中似还耸立着不少声色犬马和欢愉快活的诱惑。于是人们常常误会：名利的顶端便是幸福的源头。

但真相到底是什么呢？

当豪宅、名车、美丽帅气的伴侣都不能带给内心平静时，人们才有可能从追求名利的路上觉醒：拥有财富和权力，并不等同于获得幸福。

虽然物质丰足的确可在一段时间内提升人们的幸福感，但值得指出的是：名利上升到一定阶段，带来的幸福和满足感的比例就会下降。例如，一定数量的额外收入在穷人中激起的幸福感要多于富人；而越是富人，提升同等幸福感所需的额外金钱就越多。

当物质满足带来幸福的临界点到来之时，人们探寻内在的幸福契机就会到来：名利本身并不能带来永恒的快乐，在追逐名利过程获得的成就感，以及保持目标和愉悦之间的微妙平衡力，才会让人感受到真正的幸福。

回归内在看本心，幸福之舟起航

幸福是什么？

有人说幸福是衣食无忧；有人说幸福是与爱人相依；有人说幸福是名利双收……然而，命运的捉弄总是无情：不少本想逃离苦难的人，却终朝着它飞奔而去；许多怀揣幸福愿望的人，却常与幸福背道而驰。

原因到底是什么呢？

享乐与名利，并非幸福终点站

古往今来，人们对幸福的定义如此之多，却常因认识不清而陷入两种对幸福的误解。

一种常见的情况是，混淆幸福和享乐的概念。

对比短暂的快乐而言，"幸福"是更加持久的愉悦，它建立在对自我实现和自我超越完成之上的精神满足；更立足于人生的长远总结和利他的社会贡献之上的价值成就。而享乐多为单一的、短暂的、私欲的、物质的感受，它会因为时、物、地而发生变化，就像口渴喝冰镇可乐，第一口如同久旱逢雨而酣畅淋漓，但喝到第六、第七杯，几欲撑破肠胃的感觉会让你受不了；也像初恋大多动人心弦，一次相遇、一次握手都会带来几天甚至几周的心荡神驰，但激情燃尽后便很容易走入"左手摸右手"的死胡同。

为何会如此呢？因为，"享乐"在经验的当下就开始自我消耗：它不是由内而外的满足，而是充满代价的对立。很多时候，享乐之山的正面在沐浴阳光，而它的背面则阴霾密布，正如一些人正在享受繁华物质之极乐，比邻而居的另一些人可能正在贫穷匮乏里受苦；也如一个正享受饕餮盛宴的人，其口腔正被香辣火锅、冰镇瓜果填满而舒畅，其肠胃可能不久便会备受疼痛折磨。

另一种情况是，将幸福与名利等同。

在世俗空间里，很多人遵循着"名利就是幸福的终点站"之路径而翻山越岭。有一些幸运儿的确到达了财富地位的顶端，但也常遗憾地发现，倾尽全力去到的地方，幸福并没有想象中那么多；或者说，即便拥有常人难以企及的财富和地位，这些人中显贵依然很难感到幸福。

其实，一般人在娱乐中用掉较多的物质资源所获得的快乐，远不及投入较多自我之时。积极心理学奠基人米哈里·契克森米哈赖（Mihaly Csikszentmihalyi）在《心流》（*Flow*）中借芝加哥大学的一项心理研究指出，当人们花费大量外在资源，比如昂贵的游艇、帆船、飞机等从事休闲活动时，所获得的快乐程度反而比不上交谈、园艺、编织等较廉价的休闲活动。因为前者大多不需要什么注意力，值得留恋的回味也相应减少；而后者需要的物质资源很少，却需要投注相当多的精神能量，从而获得更多的回味和满足。

不管周遭世界怎样要求你，怎样看待你，如果你想要找到幸福，你需要做的是：停下来！不要让任何其他人或事分你的心，回归自己的内在，关注自己的本性。

是的，幸福的本源便是回归内在看本心。

也许有人认为，千平大宅是成功标配，但一米五的温暖床铺也可夜享安逸美梦；也许有人会说，百万名车才是富裕起步，但地铁可达之地亦有美景；若有人告诉你，玩转金融是生钱大计，然而画画、做手工、玩音乐等爱好，却能让你的内心安宁祥和。

在这如同白驹过隙的人生中，不断在喧嚣中叩问自己的心灵，发掘自己真正需要的东西，才会不枉此生。

人之平凡，皆因衣食为本；然而囿在其中，终于还不太像"人"。在阿城的小说《棋王》中，主角王一生平凡如草芥，然而象棋这一毕生爱好，却让他的生命绽放出灿亮。工作闲暇，他遍访民间高手对决；坚定地放弃走后门得来的比赛机会，以友谊之式与冠亚季军博弈，只为享受那一对九车轮战的酣畅淋漓。他并不觊觎象棋可为自己带来何等的功名利禄，正因如此，王一生虽不曾在世俗的象棋榜单上留名，但赢得了九环齐聚、当之无愧的无冕棋王桂冠。

现代世人的许多困境，在于陷入物质的泥淖之中不能自拔：食不厌精，衣不厌贵。然而，再精致的食物，再名贵的衣服，终归只能解决肉体生存的问题；一旦困顿于丰衣足食后的无所事事，便会陷入浑浑噩噩而庸碌一生。

总而言之，真正的幸福便是：依本性出发，遵循合理的原则去追求给予和接受的过程；即便失败也不气馁，即便成功也不骄傲，全力以赴享受人生。

心怀善念的人幸福感最高

正直善良的美德是无价财富。

犬儒学者坚信，真正的幸福并非建立在稍纵即逝的外在境遇变迁，而是能摆脱世俗的利益权衡去追求唯一的"善"。只有从善中萃取的快乐，才是一旦拥有就不会再失去的幸福。然而，生活在泥石俱下的现实世界中，多是有待修炼的普通人。

诚实地说，人很难保证在每个生命的场景里，都能完全抵御利益或欲望的魅惑，做到"始终如一之善"。

做一个正直善良的人，不可避免地会遇到阻力：若善念和利益能携手并肩最好，但它们经常会在现实中存在巨大冲突。比如，仗义执言是善，但在一些场景下会因冲撞了他人利益而显得不合时宜，甚至遭人诟病或报复。此外，善本身的标准有高有低。有人对自己的德行要求比较高，即便利益受损依然保有幸福；而普通人则相对没那么高的要求。被欲望驱使的人们，有时会一路鲁莽直至践踏"道德的最低标准"——法律，行为才可能有所收敛，或至死不改。

但无论对德行的要求是高是低，我们都需要充分意识到：善良永远是幸福的重要组成部分。即便在这个欲望裹挟的时代里生存，偶尔也会屈从于利益，也不能完全摒弃窥见自己灵性高处的机会。

也就是说，即便身为凡夫俗子，很难做到绝对正义，当善良与利益发生冲突之时，即使身陷世俗的我们做不到绝对的善，也需内心永远和它们站在一起，并且永远走在不停提升自己的路上。

幸福与善意，不可分割。对于多数人而言，幸福的获得路径，不外乎两条。

　　一条是窄路：做只让自己快乐的事，比如享受美食或去看场喜剧。快乐是快乐，但转瞬即逝；

　　另外一条则是宽路：去做慈善，去帮助他人，去传播善意。对比之下，不难发现，从帮助他人的宽路中获得的快乐，才是持续且很难消逝的幸福。

2012 年，对我而言是充满挑战的一年。

离开一个工作已久的媒体平台；告别一个生活很久的繁华都市。原本设想的丰满理想与骨感的现实间存在的巨大鸿沟让人始料未及，生活的巴掌迎面而来。

为了从现实的苦恼中逃离，我选择了短期支教。在四川达州和广东雷州的两次艺术支教之旅，虽时间不长但意义非凡。它们让我从生活的废墟逐渐走出来，从孩子们炙热的爱意中收获了满满的幸福和重新燃起的信心。多年后的某日，在书房重读孩子们那一封封热情洋溢的手写临别赠言，依然激动不已。

我曾以为支教的自己是爱的施助方。时隔多年，我才深深领悟到：是那些天真烂漫的期待眼神和炙热的赤子之心，将我那颗曾极近荒芜的灵魂拯救了出来。

我，才是爱与善意的被渡者。

02 / 第二章　SELF

寻找真实自我的旅程

认 清 自 己 、 找 回 自 我 、 做 好 自 我

Self

Self —— 自我

每个人的生命都是通向自我的征途，

是对一条道路的尝试，

是一条小径的悄然召唤。

觉醒的人只有一项义务：

找到自我，固守自我，

沿着自己的路向前走，

不管它通向哪里。

诺贝尔文学奖得主

赫尔曼·黑塞（Hermann Hesse）

有时候，我们历经千难万险，终于实现了世俗意义上的"好生活"，但内心依然充斥着麻木、空虚和无意义。因为我们努力追求的目标多数来自社会或他人对于美好生活的规训，而非来自切身利益的诉求；因为我们不再与内在相连，难以察觉自己真正想要什么；即便偶有察觉，也失去了面对真实自我的勇气。

失去自我的人类，对幸福之山的攀登会成为永无登顶可能的遥望。而我，也曾与内在脱节。花了很长时间，我才认清自己，找回自我，做好自我。

过上了亲人眼中的"完美人生"，我却并不快乐

著名心理学家艾里希·弗洛姆（Erich Fromm）认为：当人的行

为脱离自我能动性的本质需求，人与人的关系只剩下利益，而失去温情和抚慰时，心理异化就会产生[1]。我们会逐渐失去对世界和他人甚至是对自我探索的兴趣；更可怕的是，我们不仅越发难以相信世界和他人，也与自身的关系渐行渐远。

某种意义上，人在这个过程中变得不那么像人了。

快三十岁的时候，我已拿到了稳定的高薪，有了不小的房子、不差的车子和交往中的关系——似乎非常符合社会对一个"完美人生"的定义。遗憾的是，我却感受不到快乐，常常自问：

这些真的是我想要的吗？

完成这些对我来说，有什么意义？

这个所谓"完美人生"的需求是社会强加给我的，而不是我内心原本的欲望和需求。我不过是个循规蹈矩的演员，按照剧本完成了那些本就拍好的戏码。

新房装修好入住那日，坐在通往二楼的木楼梯上，姐姐和妈妈开心不已。我却苦涩一笑，换来家人对我的嘲讽："你这种人，得到了就不在乎了。"

是吗？是这样的吗？

明显不是。我感受到的，只是作为鞠躬尽瘁的工具人，通过睡地板，加班熬夜地尽力工作，换来亲人口中"勉强还行"的车和房；抛

---

[1] 此异化专指在心理层面，人从具有能动性的主体成了被动体验世界的客体。

开亲情供养和社会价值，我似乎很少感受到作为个体真实的自我价值；亲人的冷嘲热讽更是雪上加霜。

走出这个思维牢笼花了我很长时间，在某种意义上，我也和原生家庭的规制作了一个告别：成全原生家庭的诉求而全然不顾自身感受，这已然不适合当下的年轻人。被规训的人生也许看上去很美，但终归只是"看上去"。

我想找回我内心真正的需求，找回真正属于自己的人生。

EMPOWER WOMEN

> 不被欲望裹挟，也不被自怜挟持，接受并背负起自己。毕竟，唯一能够决定你人生意义和幸福的人就是你自己。

女性的

自我觉醒之路：女性的力量从何而来？

当然，这趟寻找自我的旅途一定是艰难的。在并不顺遂的环境里，人们容易觉得自己不配追求梦想；而对女性而言，"她"之性别又为此增加了新的难度。毕竟，从出生开始，大多数传统女性就在不停被贴上标签：先是女儿，而后是妻子，再是母亲或祖母等。似乎只有在这些标签之下，个体的存在才有社会价值；更可怕的是，一旦被关联甚至依附的父亲、丈夫或儿子不存在了，女性的意义和价值便可能极速贬值甚至消失殆尽。

于是，认清自己，找到女性自我力量的源泉，做好自我，便是当代女性回归自我最重要的人生课题。

女性的力量从何而来？从冲破传统的社会架构而来。

一个普通的女性，如果出生平民阶层，缺乏原生家庭的庇护，而她还貌似幸运地拥有美貌、青春、才华等稀缺资源，最大的可能性是她将成为异性猎兽场里被追逐的上等猎物。如果，此刻无所依附的她还温顺软弱，她便容易成为一个不幸者——坠入被构建的"妖娆魅惑的荡妇"或"惹是生非的女巫"之万丈深渊，成为男性践踏和女性鄙视之两种性别的共同敌人。

要足够幸运的话，她刚好能在合适的年华遇见并选择合适的父系保护：比如一个"新贵"的丈夫或一个"老贵"的情人。这个"他"得以保护这个"被豢养的金丝雀"在被其父权圈禁的小范围内获得短暂的安全。但，她所获得的这份安全同样具有它惊人的代价作为交换：她不可能成为自己，而必须保持对她所依附的个体对象之绝对服从和全身心依赖。

如今，随着时代的进步，这条看似顺遂的路径选择之弊端逐渐被察觉。于是，越来越多的女性从传统的社会架构中出走，努力寻找看似更加艰辛但却能更加稳妥的途径：

她们竭尽全力，在有限的青春年华里，铸就属于自己坚不可摧的盔甲，形成某种社会不可或缺且不易被剥夺的能力和禀赋，最终自己成为自己的庇护伞。至此，在艰难险阻中前行的她，才算走出了女性人格独立的第一步。

我母亲的生日在六月。与以往身体健康、万事如意的生日祝福不同，这一次我对她说：

> 亲爱的妈妈，在过去七十多年的时光里，您一直是女儿、妻子、母亲，甚至是祖母。接下来的时光，祝愿您可以成为您人生中最重要的身份：自己。想己所想，做己所做。

母亲对这个祝福意外却开心。经过多年岁月洗礼的她，逐渐认同：在这五光十色的世界、亲疏远近的他者关系中寻找自身的独特价值，才是更关键的所在。

敢于袒露自己的真实性，只为不留遗憾

豆瓣高分的日本爱情喜剧《凪的新生活》（凪，音同"指"）里，28岁的大岛凪的形象，让很多人觉得"演的就是我"：每天上班都要看同事的眼色，为培养"塑料友情"，放着自己精心准备的盒饭不吃，

硬着头皮去参加同事的八卦聚餐；在情感世界里也同样如履薄冰，明明是漂亮的天生自然卷，却要每天早起悄悄将头发拉直，只是为了迎合男友顺口一提的"直发更好看"；明明已经很累了，但男友提出生理需求时，也只能尴尬又不失礼貌地答应。

这种千方百计融入整体气氛、努力迎合他人的痛苦，很多人或多或少都能感同身受。

◇ 小心翼翼地收缩个性，不让周围的人察觉到自己的异样；

◇ 每天用比假哭还累的假笑之脸迎人，全然无法顾及早已疲惫的内心；

◇ 无数个黑夜里想要嘶吼着逃脱社会的枷锁和周遭的压力，可醒来后又不得不因生存的需要或情感的责任禁锢其中。

有人可能会问：难道具备"讨好型人格"的人察觉不到自己真实的感受和情绪吗？既然如此矛盾纠结，又为什么会成为日益蜷缩触角、隐匿真实内心的"社畜"呢？原因其实很简单：袒露自己的真实性是有代价的，或者说，自我觉察可能是令人痛苦的。

与真实自我相一致的行为可能会被他人讨厌；将自己有待改善的一面敞开给自以为亲密的人，可能导致对方的失望、嘲笑或背叛；直白地对领导表达意见，可能会导致"原因不明的社死"。这些真实坦诚可能引发的负面后果，会破坏人们的快乐或主观幸福感。

换句话说，真实性并不总是令人愉悦的。

这也是为何"真实自我"在当下的商业社会很难受到鼓励，反倒是教人们如何管理情绪、如何自我控制的书或课程畅销不断。"管理和约束"之所以受到重视，是因为短期内，它可能会带来比真实袒露更高的回报。

我曾有过痛苦工作的几年。从早到晚对着电脑敲敲打打外加通宵熬夜是我痛恨的；一年到头只有工作没有属于自己的时间是我痛恨的；权钱交易和利益纠缠是我痛恨的；别人做错事而要我颠倒是非更是我深恶痛绝的。在心理濒临崩盘之时，母亲"神之问"如一盆冷水浇醒我：

你不赚钱，谁养活我们？

你不赚钱，谁养活你自己？

问题直指生计，只因生存。生活即便没有说谎作假，没有刻意扮演，却依旧会在纠结和困顿中陷入浑浑噩噩，这份不为自我所活的状态就是一种"活死人"状态。这也是为何，等到经济逐渐稳固，我扭头便走，无丝毫留念。

事实上，一个生命如果失去了自我完成的能力，从本体意义上而言，也就没有任何意义。凡人要想真正突破这份无穷无尽的空虚，除了寻找到"真实自我"，别无他途。

生存之后，要紧的便是自我之实现。

爱我，爱我真实的样子

袒露自己的真实，当然会有风险。

但是，如果在这种情况下对方还能接受且爱我，我才拥有了最无拘束、无伪装的幸福。毕竟，伪装成领导想要的样子，伪装成恋人喜爱的样子，终归有憋不住的那一天。

前文提到的日剧《凪的新生活》的主人公，最终决定放下一切。她发现，当内在人格和外在期待发生冲突时，生活要求的伪装已经超过她的承受能力。于是，她辞去工作，与男友分手，换到一个与以往完全不同的环境里，开始纯粹地感受生活本身。

当她开始坦承自己真实的需求时，她的思考、感受和行动的方式，都会以满足内心的真实需求为要义。这时的她不仅从骨子里开始散发出愉悦，更重要的是，此刻从人生迷雾中走来紧紧拥抱她的，才可能是她真正的爱人。

近年来，某韩国恋爱综艺节目大火。一男明星在节目中不无得意地秀恩爱，称自己和太太结婚十二年，从不知她还有"屁"这种生理现象——没有闻到过味道，也没有听过声音。

他是如此骄傲于自己美若天仙的太太为了他的感受而掩藏人类最真实的生理属性。可这份掩饰的背后真的如此美好吗？

类似"屁"这样再自然不过的生理现象，在公众场合的克制确有礼仪上的必要；回归私人领域的亲密爱人之间，如果连这都无法得以真实呈现，那恐怕该思考的便是：这对恋人间的情感是否仅仅停留在表层，未曾有真正进入灵魂的匹配沟通呢？

能否自在放"屁"，当然只是真实性的一个微小面向。在情感世界里，对生理现象越是克制，女性作为活生生的人之本性也会越发被忽视，甚至有可能会引发两性关系中的不对等性。

心理学家已经证实，真实地表现自己，能带来更健康的心理机能和更高的主观幸福感。当一个人对自己形成清晰、准确且综合的认识，才能游刃有余地调动自己的不同面向来处理不同的情境——在干练的职场人、温柔的妻子、孝顺的女儿之间自如切换。更重要的是，两性关系中最亲密的时刻，不仅仅是肉体诱惑的那一瞬间；当自己的缺点或特点被爱人全然包容时，才是彼此水乳交融的重要时刻。

负面信息和情绪也有价值

积极心理学中的自我了解和自我察觉，更多是指对自身的偏好和志向，尤其是自己的优缺点有充分的了解。

为什么要充分地了解自我呢？

因为唯有这样，一个人才能更好地调节和处理自己的情绪：了解自己的优点，知道如何为自己打气加油；正视自己的缺点，能将消极情绪归零。

换句话说，就是做自己的小太阳，随时温暖自己，呵护自己。

许多人的成长，就是在不断扩大自己的优势面，直到其成为不可取代的部分，助力其事业和生活的蓬勃发展。

三国时期，刘备原是各路枭雄中实力较弱的一方。他之所以能创就宏图伟业，最亮眼的资本之一便是将其真诚礼士、弘毅宽厚的品格优势发扬光大。诸如高规格礼遇赵云等虎将，到隆中三顾茅庐请诸葛亮出山辅佐。这便是刘备在强雄并起的烽火年代，在弱势中崛起并建立蜀汉政权，成就三足鼎立之政治格局的重要原因。

当人将其优点发挥到极致，这个人便有了百折不挠的成功资本。然而，是否负面的信息和情绪就永远是糟糕的，没有任何价值呢？事实并非如此。

心理学家芭芭拉在《积极情绪的力量》中说：无论个人、家庭还是组织，能够使其蓬勃发展的积极率（即积极和消极情绪的最佳配比）是3：1。也就是说，若缺失了积极情绪，人就会在痛苦中崩溃；但若缺失了消极情绪，我们会变得轻狂浮躁，不能脚踏实地。

在原始时代，恐惧、担忧等消极情绪让人类在野兽出没的黑夜里随时保持警觉，这是人类生存得以延续的重要原因。而在科技高度发达的现代，大到国家竞争，小到企业生存，同样也需遵守"stay hungry，stay foolish"的抱璞守拙之丛林法则，保持适当的危机感来成就其驱动力。

就个体而言，生活也给了我们足够的理由去感受害怕、愤怒和悲哀等负面情绪，它们的益处同样不能忽略：避免盲目乐观，从而能够脚踏实地；避免盲目自大，从生活的每次给予中获得真实的快乐。

然而，当一个人缺乏安全感和自信的时候，更想听到别人的夸奖，回避负面评价；而在充满安全感和自信的情况下，则会更好地处理负面信息。比如，人在真穷时，听到别人评价我们穷，可能会因自尊心受损而暴怒；但在生活优裕时，听到别人评价我们穷，可能只会嗤之以鼻、一笑带过。

尽管回避他人的负面评价，听取溢美之词，短期内的确能帮我们回避一些痛苦，但从长远来看，这会导致自我认知不准确，使人浪费精力甚至做出错误的人生选择。

在我多年的媒体生涯中，偶尔会在正常工作之余接一些演讲或主持的活儿。刚开始不够熟练，偶尔还要照着稿子磕磕绊绊地念，即便这样，我还是喜欢听到一众的呼声和叫好；慢慢地，我在镜头回放中开始觉察自己的不少缺点，比如经常伏案导致的习惯性驼背。

　　倒也不是没人提醒过我，但被提醒后的恼怒大过于挺直腰杆的努力，屡教不改便成就了更驼背的习惯。

　　这样的恶习若是私人聚会倒也无所谓，一旦进入公众视野，进入摄像机和直播现场，错误会极速放大。每每看到自己在直播或演讲中全程驼背的灰头土脸，心中的懊恼便会激增。

　　直到那一刻，真诚的意见之重要性凸显，如果现场有人能对自以为孔雀开屏的我指出这个问题，电视里的画面呈现会改善许多。

真正突破自我保护之壳，需要坚定改造自我的信心和决心，从负面情绪的泥淖中拔腿而出，将其变成内在修正的原动力，从而成就更好的自我。无缺陷的完人几乎不存在于这个世界；无苦难的生活也不符合人性设计。

> —— EMPOWER WOMEN ——
>
> 生而为人有优点，当然也会有缺点。我愿全然接受自己的全部。不抬头自得、不低头自卑，平视并安顿好自己的全部身心。
>
> 女性的内省

在欣欣向荣的生活中，消极情绪也是一个必要的组成部分。当一个人客观对待自己的优点和缺点，清晰地分辨积极和消极情绪，察觉到妥协性策略与真实目的的统一性，对自己形成了复杂多面的准确认识，就会获得灵活自如地调用自己的不同能力、处理多种情境的自信，从而获得更健康的心理机能和更高的主观幸福感。

当你找到真实自我，你的光芒无可阻挡

在欧洲的几年，我常去一些历史悠久的小镇上小住。除了风景优美之外，它们多有一个类似冥想或瑜伽中心的地方。比如，在牛津换过两处宿舍，每个社区都有一个充满禅意的小馆：外面青草铺道，佛像坐镇，里面蒲团满地，禅香四溢。

恍惚间回到了亚洲的寺庙。密集的晚课修行后，打坐两小时，时时有禅师执板督查。偶尔瞌睡，旋即被敲醒。这样绝佳的外在环境于静思有利，但更多情境下，我们需要摒弃浮华与嘈杂，在头脑中完成自己的静思训练。正视过去不愿听的评价和回避的问题，看到自己的缺失、收获以及成长；逐渐放下对他人、对事物、对自我的固有看法，开始"不带评价"地看见世界之本来面目。

真实自我，来自人间烟火中的"修行"

当然，这是不容易的。

因为面对自我需要付出极大的努力：面对自身缺陷时会产生剧烈的不安全感；有时要与现实对抗才能坚持自己的内心所选；要在关系中突破双方的心理防御，走向两个人真实的内核。

然而，只有这样做，并以本来样貌去思考、感受、行动，我们才能从根上获得生而为人的、活生生的存在感和满足感。

从另一方面讲，这件事也是容易的。

随着现代人对内在精神领域关注的不断加深，"修行"不一定非要进入深山禅室或密林佛堂。不少能与自我产生连接的寻常方式也逐渐被接受和推广，比如喝茶、瑜伽、冥想等，甚至准备一餐可口的美食，也可以是与内在自我相处的绝妙方式。"一花一世界，一叶一菩提"，那些散落在一朝一夕日常生活里的瞬间，其实也饱含着"最抚凡人心"的人间烟火气。而这些平凡瞬间正是对抗变幻世界的最佳法宝之一——活在此时此地，与身边的人产生联结，体验到脚踏实处的落地感。

日本著名美食系列剧《孤独的美食家》的开头说道："能不被世间和社会所束缚、幸福地填饱肚子的时刻，短时间内随心所欲又不被打扰，可以自由自在吃东西，这种行为正是人人都能平等享有的最高治愈。"

通常我们会认为，美食家讲究的是食不厌精、脍不厌细，诸如"吃菜要吃心，吃鱼要吃尾，吃蛋不吃黄，吃肉不吃肥"等。然而剧中的美食家五郎却是在东奔西走的工作之外，见缝插针寻找街头巷尾的家常美味——炸猪排、烤鸡肉串、担担面、关东煮，这些看似俯拾皆是的普通小食，不仅让孤独的五郎得到享受美食的心满意足，更让他感受到尊严和自由的踏实幸福。

这份幸福的体验，我也同样深有感触。少女时代因被父母疼惜，十指不沾阳春水；等到成年后在异国生活，自己下厨房却成为解决温饱的必然首选。回归厨房，除了口腹之欲和家乡味道的满足，更重要的是在异乡的孤独中，通过与食物的细微互动，以自然生动的方式建立起与绿色地球的连接，其中的快乐，也许只有经历过的人才能感受。实际上，不仅是食物和食欲，我们求而不得的生活意义感，最终都将通过类似的真实点滴开启。

只有当你"真实地存在"，生活才会以足够深入的方式给你回报。因此，若有不能感知自我、不能感受生活美好的时刻，那就主动让自己重归生活本身，去守住内心的定与静，去寻找踏实的生命力量，去散发无可阻挡的生命之光吧。

真实自我，意味着不盲从

1975 年，斯皮尔伯格凭借《大白鲨》获得美国电影电视金球奖最佳导演的提名，未达而立之年的他一时间成为西方电影圈里炙手可热的青年才俊。但当制片人将以斯皮尔伯格为封面人物的《时代》周刊拿给他时，他却拒绝翻看。

制片人很惊讶："整本书刊都是夸奖你的华美辞藻，你怎么都不看一下？"

他淡淡地答道："如果我现在相信了他们对我的浮夸称赞，那接下来，我就会相信他们对我的肆意攻击。"

是的，只有不轻易相信他人对你的赞美，才有能力不轻易被别人的攻击所反噬；哪怕是随口一句的玩笑话，也可能打垮自己好不容易攒起来的自信。我们常依据他人的评价来观察和调整自己的行为，但这份接纳一旦超过应有的限度，便会走向另一个极端：渐渐失去认清及接受自己的能力。

众生百相，众口难调，做到让所有人满意几乎不可能。如果我们因此活在他人评价中，随口说出来的否定性话语都会让我们产生自我怀疑，很容易就放弃原本的追求；心跟着别人的话走，快乐托付在别人身上，这是莫大的悲哀。

既如此，接纳自我便成为非常重要的功课：在法律和道德框架之内，不要管他人如何看自己；在看到自己优点的同时，更重要的是接纳缺点和失误。偶尔的错误，可当作允许天性施展；不把错误当成负担，而是将其当成继续前行的警示和提醒，同时在能力精进的基础上，试着练习将错误当作机遇，把危机变成转机——也许，生命会在转角处呈现别具一格的光彩。

奥斯卡两度影后简·方达在《人生五幕》的最后一幕中如此总结

自己的人生:"我一生的大部分时间都有个执念,那就是如果我不完美,没人会爱我。直到最后,我才意识到完美是永无止境的。所以,要学会接受、拥抱甚至热爱我们的不足。有时,足够好就已经足够了。"

面对他人的负面评价,"眼不见为净,耳不听为清"的一刀切不失为一种简单方式。更重要的是,不再以他人的判断作为自己的生存标准,这样才不会被别人的意见所左右;具备判断是非、拥有主见的能力,在不伤害他人和社会的前提下,做的每一件事情只有一个标准——自己的内心需求。

真实自我,让我们在挫折中成长

"堂吉诃德式"困惑,其实在当代许多人身上仍有映射:明明非常努力地工作,但月薪的增长总跟不上房价的涨幅;使出浑身解数讨好恋爱对象,对方却无法满意甚至移情别恋;对家人关怀备至,父母的情感天平却永远偏向哥哥或弟弟;讨厌溜须拍马,却不得不随声附和;憎恨权钱利益交换,却只能左右逢源、阿谀奉承而上……

身陷现实囹圄,就真的如此无望吗?

不。

真实的挫折里,永远藏有新生的希望。

当人们做事既不是为了讨好别人,也不是为获取奖励或是逃避惩罚,而是自发地想要去做并且能从中感受到真心的愉悦时,才是人们在行为层面的"真实自我"。可惜的是，这样的真实在现代商业社会，因缺乏共同利益驱动而不受鼓励，因此才有那么多人感到受挫，甚至内心伤痕累累。

但创伤不一定是坏事。正如尼采所说："那些杀不死我的，必将使我更强大。"因为创伤往往带来成长。20 世纪，心理学教授马丁·塞利格曼（Martin E.P. Seligman）通过一次有 1 700 人参加的幸福感测试发现：那些经历过可怕事件的人，比没有经历过的人拥有更强的幸福感；经历过可怕事件的次数越多，内心就会越坚强。也就是说，人们受到的折磨越严重，创伤后的成长越显著。这个听起来似乎如悖论的表达，并非鼓励受伤或者伤害他人，而是让我们领会到，在无法避免的伤害发生后，如何有效利用创伤，收获更加惊人的人格成长。

首先，从内心深处接受"遗憾确实发生了"。

无论委屈、痛苦还是失败，是来自天灾还是人祸，是来自对他人过多的依赖还是过于自信，都应当接受它的真实发生。人生不如意十有八九，重要的是面对并不让人满意的"八九"，不要对自己有过多责备和怀疑，从而减少内在力量的自我伤害。

其次，拥有一个能够袒露真实自我的"树洞"非常重要。

如果可能，找一个亲密且无须担心会背叛你的亲人或朋友，他们的包容与同理心将给你带来巨大的安慰；如果没有，写作、绘画、音乐等可自我体察的方式同样不失为好的选择。请相信，这个世界必然有一个地方、一个人或者一种方式能承担你全部的宣泄与坦荡，当我们安静下来细细寻觅，它必将在你不经意的回眸处，灯火阑珊！

最后，探讨与创伤并存的成长，并表达感恩。

重要的不是如祥林嫂般反复哭诉，不能自拔，而是仔细探讨那些与创伤同时存在的成长和感恩：比如我收获了哪些经验和教训可供未来的自己处理借鉴；我是否因此更珍惜自己的人生价值；我是否对精神和灵性有了更高的理解，为自己的人生开拓了一条全新的道路；不管经历怎样的伤痛都能熬过来，我是否更应认可自己——毕竟，比想象中更坚强的自己是值得赞叹的。

某种意义上，一个人的成就是被委屈或苦难撑大的。上天的公平在于：每个人都逃离不了苦与难的经历。因此，亲爱的女孩，请答应我，不要沉溺于痛苦而后被其淹没。在重重困难中，请务必千千万万次毫不犹豫地拯救自己于水火之中，而我们终将能在痛苦不堪的成长岁月里，成就最盛大的丰收时节！

成为一个"厉害又可爱"的人：能力感与价值感

在人们寻找自我的路途中，常常会陷入两难的迷茫：丧失了自我，会让人痛苦不堪；但过于坚持"自我"，幸福可能依旧远在千里之外。

事实上，如果你寻到的是自我之中的部分"小我"，必会带来他人的不适和自己的痛苦，因为它的属性是自私。

有位著名演员曾在采访时直言："现在好像流行什么真我，但是'真我'不包括你的坏。"正如有人容易发脾气，会觉得把脾气压下去就不是"真我"。诚然，坏脾气是自我流露的一部分，但它同时也是人性的弱点。太过会让身边的人不适，本人也很难真正安逸。

作为一种社会性动物，不伤害他人的自我也是身而为人的基本准则。可喜的是，我们可以通过刻意练习来破除偏见和执着，成为一个"厉害又可爱"的人。

在这部分需被破除的执着中，处于第一位的便是因过度依赖他人认可而产生的"自尊"。在心理学上，自尊是个体经常保有的对自己的评价，标志着个体对自己能力、身份、成就及价值的信心。简而言之，自尊是对自我价值的评判和态度。它由是否胜任的"能力感"和是否认同的"价值感"两部分组成，两者缺少其一，自尊就会很低。

朋友小玉之前的工作位高权重，待遇好，能力也足以胜任，但这份工作是否带给她足够的自尊和快乐呢？并没有。即便能力感得到满足，但自尊的另一半——价值感并没有得到满足：充满正义感的她，并不认同其工作内容的整体价值。因而，这并不是一份让小玉拥有自尊的工作。

而小玉现在的工作——艺术馆负责人，一方面充分发挥了她的管理才能；另一方面，看到人们从艺术中收获喜悦和美感，她的价值感也充分呈现。这时，自尊的两个面向都得以满足，未曾放弃寻找的她，终于找到了符合她自我价值且心生欢喜的工作。

在"小我"的能力感和价值感获得双重满足后，人们才能充分发挥个体能力，同时产生社会价值；人们才有可能收获既不向别人卑躬屈膝，也不允许别人歧视侮辱的，建立在"社会比较"之上的自尊。

如此，我们才可能走向真正的"大我"，收获真实宁静的"自我"。

在开始兼职写作之前，我面临一个抉择：是重新回到职场拿高薪，还是先暂缓全职，以更加从容的姿态先沉淀写作，而后再出发？我也问了密友、师长和家人的意见。无一意外，每个人都是指向前者。

但是，比起亲朋好友的意见，我心里非常清楚自己的需求。我不是一个能够三心二意做事的人，一旦开始全职工作，很难不全情投入而无暇顾及我此刻最想做的事情。于是，我选择了后者。即便听了林林总总的意见，真正了解自己情况的人，永远只有自己。

能兼顾职场和写书，当然最好。尤其是在写作的过程中，看到之前与我职位相当甚至低于我的人已成为某某 CEO 或某大企业的法人代表，若再年轻一些，我的内心一定躁动不安。但如今，我选择不与他人比，无论他们职位高低、收入多寡，我只关注自己的此刻——是否在做自己从心而发的事情，它的完成是否使自己的能力和品行在稳步积淀和逐步成熟。

如果答案为"是"，我将义无反顾。因为，在更大的意义上，个人的成就感和价值感由自己的评估决定。我不是一意孤行的人，我依然会主动询问大家的建议，但我、我们最终选择的，一定是最符合自己内心的决定。

事实上，这样的价值感批判和思量也来自曾经的一次重大教训：三十岁那年，有个非常重要的职业决定，我曾努力征求身边最重要的人的意见。

虽然我的内心并不完全认同，但亲朋好友的指向似乎都符合我当时的最佳利益。于是，我屈从了后者。也就是说，我并没有跟随自己的价值感，而是跟随了一个"普遍共识"。但事实证明，这个决定带来了一系列负面后果。

所以，即便是一个共识，它也只是平均答案，不等于能适用所有情况；更重要的是，即便是群体共识的产物，也只有自己是唯一的执行人。也就是说，无论行为导致的结果如何，他人都只是外围的建议者和旁观者，后果都只能由当事人独自承担。

多年后，在重新复盘的思考过程中，我不断告诫自己：做一个拥有稳定高自尊的人！与不停寻找他人赞美或肯定的依赖性自尊不同，拥有内在足够强大的独立性自尊之人在需要意见的情况下，同样会主动寻求他人的合理意见，但也会记得将他人的建议和评判从被动化为主动，从获得肯定的诉求中解脱出来，寻找真正有建设性的意见来调节和改善自我。

一寸寸深入灵魂地爱自己，爱这澄澈的生命

多数情况下，一个人的自尊和成功与否、社会地位高低和金钱多少不构成绝对关联，来自内在的自我肯定才至关重要。如果自身没有滋生出足够的安全感，自尊就只能通过外在的获得和他人的夸奖来喂养。

世俗成功人士的一生，可能也是欲望纠缠的一生。

歌德说过，降临于人最大的邪恶事，是让人否定自己。与高自尊带来的宁静和幸福不同，低自尊常与焦虑或恐惧并存，也许引发忧郁失眠或者饮食失调，从而陷入更加不开心的人生境遇。与其成为低自尊的心理囚徒，不如回归本源成为无牵无碍的"婴儿"之境，成就最真实的自己。

当我们一寸寸深入灵魂地爱自己时，便赐予了自己真正的幸福。

前文提过的日剧《凪的新生活》剧中的主人公，以风轻云淡的方式开拓了一条现代都市女性寻找自我的小路。她在压抑

自我的工作和生活中爆发，决定和原来的男友和环境告别。不久，就遇到了温柔的邻居小哥阿权。

弹幕里都在说：和年轻帅气的阿权一起开始全新的生活吧。

剧情若真是这个走向——靠另一个男人拯救原本抑郁的自己，便是又落入了玛丽苏的经典俗套。在对人格成熟提出希冀的年代，真正的幸福永远都只有一条无法后撤的小路：靠自己拯救自己。

女主人公的改变，不是因为她喜欢上隔壁的小哥，而是她在一点点拓宽自己的感知面后，发现生活方式可以有很多种，并非只有迎合他人这一种。比如，楼上的独居老婆婆，原本以为她很可怜，因为周围的人都用鄙视的眼光看婆婆在路边捡那些路人不经意遗落的零钱。可谁想到，婆婆独居的日子却非常精彩：房子虽小，婆婆把它改造成了一个私人影院；午后时光，一边看着租来的经典老电影，一边品尝着自己用面包边角料做出的巧克力脆酥点心。戳破悲惨的面纱后，我们却发现婆婆的生活不仅不悲惨，反倒因抽离出外人的评价而越发显得有独特的品位与格调。

受邻居婆婆的启发，女主人公才逐渐明白：一个真正获得自我的其实也是不在意他人目光，过好属于自己生活的人！她的新生活就此展开：慢慢学会表达自己的意见，拒绝别人的无理请求，敢于和那个践踏她尊严的前男友说"不"，勇于和那种压抑她尊严的工作彻底告别。

不仅仅是剧集里，也不只是女性，人类共同的价值寻找中都包含一点：寻找真实的自我，做回内在世界里最舒服的自己。

中国古代书法界里人才辈出：王羲之的《兰亭集序》、颜真卿的《祭侄文稿》和苏轼的《寒食帖》并称"天下三大行书"，流传千年而经久不衰。在不懂书法的人眼里，它们看上去似乎并不那么正统：有圈有叉，甚至还有歪歪扭扭的错别字。

其实，这三幅作品虽为即兴之作却名垂千古，有其核心命理：真实的表达。虽其笔下未顾及工拙，但文字行气随心而动，书家情感的自然起伏都真实流淌在一撇一捺的字里行间。尤其是苏轼的石压蛤蟆体，粗扫下去觉得慵懒自得，久看不厌下，却又有力透纸背的岁月磨砺之气扑面而来。

这份走心的动人之美远超过了人为的技巧卖弄，反而能让观者穿越过往岁月来感知王羲之的"醉"，颜真卿的"情"，苏轼的"达"。

书法如此，做人亦是。

禅宗里著名的《十牛图》，表面看不过是一个小男孩找牛的故事，实际上却用步步递进的十幅图，深刻意喻一个人调伏自心、寻找内在自我的修行过程。在第三幅图里，牧童已经看到了牛，或者说牛的一部分开始显露出来。作为一个人，他已然有了一点点自己的领悟。但此刻的他，依然被各种各样的社会关系、各式各样的欲望所包围，离看到真正的自我还有一段路要走。于是，他试图安静下来，让心灵在嘈杂的人间得以清明。

图 1 《十牛图》第三幅：见牛

如何才能静下来呢？接下来的寻牛图便告知：忘牛存人，而后人牛俱忘。要人先忘记自己已经得到的，而后放下心结进入到空的状态，才有可能真正走到返本还原。

当人能从外在的追求走向内在的探索，终将以婴儿的澄清状态呈现生命的本真，破除甚至忘记之前有关社会地位和性别、种族和语言等丛林偏见和人为技能，才有可能从纯粹的意识领域去洞察人性，接近事物的规律，从而最终看清万物的本质。

至此，你才真正回到了本源，去追寻到生命的价值。

女性的

修养

03 / 第三章　　DIRECTION

在人生的关键处，方向的选择异常重要

确定清晰的方向，才能笃定迈向要去的地方

Direction

Direction —— 方向

我们如果去盘点那些自认为幸福的人的故事，

无论是轰轰烈烈还是平淡如水，就能发现：

他们总是在有了笃定持久的价值观，

发现了值得一生坚守的东西之后，

才发自内心地感受到幸福。

这个值得坚守的东西就像心灵的种子，

生根、发芽、壮大，

陪伴他们一生。

徐涛 《历史的面孔》

在欧洲生活三年，回国第一站便有一头扎进黄土地里的感觉：告别一座眼花缭乱的、富贵与繁华交融并渗的国际大都市伦敦，从希思罗机场坐国际航班转国内高铁，转城乡巴士后再转人力摩的，进入深山老林的密处——家祖屋所在地。

从繁华至盛到贫乏之极，倒也适应极快。到家的半小时内，就换掉了大牌的开司米外套，穿上妈妈专备的居家大粉棉袄棉裤。讲真话，实无任何不适应。这些年，一直在物质的华丽盛宴和匮缺干旱之间切换，心里早已接受这些高低起伏、云泥之别的浩大流动。

风动、幡动，莫若心不动。

适之泰然的同时，甚至还有些窃喜。

是的！生活，你看不透我，抓不住我；也，吃不掉我。

在山间生活的好处是：将过去在云头高处生活的傲气，一股脑地甩下，触及农人的每一场日出而作、日落而息的辛勤背后的提前规划：是主耕三亩水田还是首作十顷山地？水田里是插早稻还是种晚稻？菜地里是种芝麻、黄瓜抑或绿豆、西瓜？

而后，在云深不知处的连绵山脉和无限延展的稻田谷地之间，接上行到水穷处、坐看云起时的人间地气：农人耕种的是土地，我们耕耘的是人生。

表面不同，实则相似：清晰的方向，决定了这片土地未来的收获，也决定了自己这株人生之苗，经过岁月洗涤后结出的是丰硕的甜瓜，还是干萎的苦果。

迷茫于方向的选择，梦想也会错过"保质期"

我们也许努力考上了父母期待的大学，学了热门的专业，找到众人艳羡的工作，在适婚年纪与异性走进了婚姻。一切看上去完美且符合社会标准。但为何不幸福感依旧挥之不去？

去英国读书时，对比同学年轻的稚嫩，我已是三十岁的"高龄"。

刚到的几个月，先在牛津的语言学校里过渡。同学中有不少十来岁的小朋友，其中尤以来自亚洲的居多。异国他乡的孤独里，人很容易因相似的黄皮肤而聚在一起，中英文夹杂着聊天。当发现一大半的中国面孔都在申请经济或金融专业，多年的职业病被激发出来，我奇怪地问他们："为什么你们都要学同样的专业？"

十有八九的回答都是："其实不是我们自己要的，是爸妈要求的专业。"

"为什么呢？"

"爸妈说这专业毕业后赚钱多，未来收入稳定可期。"

"那你们快乐吗？"

"不快乐啊，但又能怎么样呢。爸妈付的学费，只能听从；虽不情愿，也曾抗争，但都无效告终。毕竟，经济未独立前，自己并无人生的决定权。"

这样的抉择，虽可理解，但也默默心痛。毕竟，一旦有天他们开始了只为获得金钱而与快乐无关的工具性工作，他们与工作之间的关系，很容易就会因为失去了与内在自我的联系，而变得异常紧张；而且，世易时移，父母好心指引的康庄大道，等他们学成归国，有可能已错过了这个行业的高速发展期，变得人才过剩或不再是人人称羡的"金饭碗"。到时，又该如何自处？

不由得为他们的未来捏了一把汗。

对这些年轻的朋友们，我痛心的更深原因来自我见过他们十年、二十年后的进阶版本。

朋友中有位日进斗金的金融才子，然而四十岁之前，他生命的每一帧都不快乐。原本擅长作曲写歌想从事艺术之路，然而金融是父母的职业，更是家庭对他的规划。于是，向来顺从父母之命的他，只得硬着头皮上学、硬着头皮工作，也硬着头皮做自己不爱却光鲜的证券交易员赚钱。直到四十来岁，某种程度已财富自由的他终于鼓起勇气辞去工作。

他重新进入音乐的世界，写诗、作曲，过起了随性而为、试图寻回梦想的"报复性补偿式"生活。但年华不等人，终归难找年轻时的热血激情，最后只好无奈长叹：唉，人生真的无法倒叙，连梦想都有保质期。

— EMPOWER WOMEN —

要想面对一个新的开始，必须要有梦想、有希望、有对未来的憧憬。如果没有这些，就不叫新的开始，而叫逃亡。

女性的 力量

毕竟，不是每个普通人都能成为《月亮和六便士》里的高更。即便能忍心抛妻弃子，放下安定生活，即便能攒够去巴黎画画的远行船票，即便能忍受饥饿和贫穷的煎熬，但命运的玄妙之处在于：比它们更难捕捉的还有难以持久燃烧的激情，以及随时都可能才尽的芳华。

"过时不候"说的不仅是那个等你的人，还有那艘一去不复返的、驶往内在梦想之船。

迷失于"捷径"的诱惑，便再难回头

除去方向的迷茫，有些人的不快乐是因为被海市蜃楼的幻象迷住了方向，误入了捷径诱惑的歧途。

司汤达《红与黑》的主角于连，这位原本上进青年的堕落就从方向错误开始。

高才华和强自尊本可成为出身低微的于连勤奋努力的积极动力，但他却被突如其来的浮华场迷得神魂颠倒。于是，他将原本可向上、向善的人生方向，掉转头为道德堕落的黑暗刺激物，通过引诱市长夫人等种种不光彩手段来获得名利的飞黄腾达。正当于连在上流社会如鱼得水之时，命运之锚却将他无情地抛向了断头台。

如若当初拥有合适的人生方向，于连的生命路径可能会被完全改写。事实上，不仅是百年前的法国，而今的世界依旧还有千万个年轻的"于连"们：他们向往着美好的生活，试图通过自己的聪明才智来获得社会的认同，从而收获财富和爱情。但因得不到正确的指引，找不到合适的人生奋斗方向，他们中的很多人都面临一步错至步步错的困境。

当青春的激情和热血的生命被黑暗所吞噬，深渊不再凝视他们，而是直接毁灭他们。在"毁灭"发生之前，对于无数刚刚踏入社会的年轻人而言，如何避免再入于连式的深渊，在人生起步的阶段早日寻得合适的人生方向，便异常重要。

如我自己，也并非没受过捷径的蛊惑。幸好，周边总有人用自己的切身经历让我清醒：爽的时候快乐到飞起，从万丈深渊下坠的痛苦也难以言述。反诈骗标语的大字如当头棒喝：十骗九贪。被骗的源头如主要归于人性贪婪的话，那些某种意义上曾浅尝过捷径微小甜头的人们，更容易迷失在依赖捷径的路上不能自拔。

金融界名气尤盛的金字塔骗局始祖，便是意大利投机商庞兹。1919 年，他策划了一个子虚乌有的国际邮政票投资方案，许诺投资者将在三个月内得到 40% 的利润回报。他把新投资者的钱作为快速盈利付给最初投资的人，以诱使更多的人上当。这场阴谋持续了一年之久，涉案金额高达 1 500 万美金之多时（对价当下的金额高达千百倍有余），被利益冲昏头脑的人们才慢慢清醒过来。

历史过去百年，这种简单明了的"庞氏骗局"却在中外时常重演：从纳斯达克的麦道夫，到曾被誉为"女版乔布斯"的伊丽莎白·霍姆斯（Elizabeth Holmes）"滴血验癌"商业神话的终极落幕。在超出常规的高回报利益诱惑面前，人的理性分崩离析，人的贪婪肆无忌惮。人类文明发展史，实则为对抗人性弱点的一部进化史。毕竟，守株待兔得意外之金的概率太小；而劈不义之财的雷，随时都可能恭候在某处不起眼的路边。

朋友圈里有位五十出头的朋友，前半生事业小有所成，财富自由。无论视野还是见识，在同龄人中已属上乘。

但曾经的成功并不能让她安稳度日。近些年她的朋友圈，不是在炫珠宝就是耀包包，时常贴出的还有各种躲在修图软件后的旅行美照；连她家女儿都时常在短视频里大喊："漂亮第一位""名牌最美丽"……

前几日的饭桌上，一堆熟人谈及她现今的破产，多是诧异：按理说，这样精明的角色，怎么可能阴沟里翻了船。然而，她的不幸不过是又一个庞氏骗局的翻版。诓骗钱财的皮包公司当然可恶，但以命运馈赠于她早胜过常人许多的知识和阅历，本可逃过这场浩劫。论及翻船的真正主因，仍然是其对不劳而获的依赖，对好逸恶劳的顺从，对高利润轻付出的捷径追逐。

然而，捷径如鸩，人性趋乐避苦，所以一旦有人浅尝其滋味，饮之止渴后，便很难回头。

以上林林总总的迷茫或迷失，常出现在人生的重要抉择时刻。正如电影《千与千寻》中，除去千寻等极少数个体，大多数人都在油屋这个等级世界中，或主动或被动地迷失了自己：白龙忘记自己真实的姓名，汤婆婆的巨婴被娇生惯养，无脸男迷失在对财富的虚幻崇拜里。

不只是电影，现实世界又何尝不是如此。一旦踏入社会，若无明确的价值观和方向指引，稍有不慎，不论是自愿还是被迫，一个人也许就会一点点地迷失在名利或情感的执念之中，放下自己原本真实而朴素的愿望，最终忘记自己最初的方向。

一旦方向失误，越努力越错误。人的一生虽漫长，但关键处其实也仅那几步。正因如此，在这几次关键的方向抉择上，我们的选择变得异常重要。

- EMPOWER WOMEN -

> 有时候我们之所以陷入困境，不是因为不够努力，而是恰恰相反，大多时候是因为太过努力，而走错了方向。

女性的*内在*

要守住方向，必须学会与名利保持适当距离

名利本身并无好坏，对其适当追求也无可厚非。

毕竟，人在世间行走，为满足更好的衣食住行之乐，需足够的物质作基础；为获得更多的认可，需取得更高的成就和地位以保障。名利的获得是人之自尊的需要，也是自信提升的一部分。以财富为例，

与富有对立的贫困是令人痛苦的。贫穷到极端处，人性可能会泯灭，人的灵魂也会因此而折损。这也是为何在战乱或饥荒时，父子相残、易子相食的人间惨剧并非罕见。

只有当人们从衣食住行等基本欲望中抽离出来，才会有充沛的时间和旺盛的精力来感受不一样的生命层次。对于大多数普通的灵魂而言，只有感受过衣食无忧，得过世间规则的认可，才有可能从生命深处散发出那份属于内在的自信、从容和辽阔。

正如蒋勋说："精神层面的满足，音乐、绘画、哲学、诗歌等，是和物质基础息息相关的。有时候读一部分中国文人的东西，我会有点难过，觉得太寒酸。寒酸两个字真不好，没有富裕过，体验不到生命里的那种昂扬大气。"

名利虽可贵，求名利的过程中遵守世间的规则也很重要。正如孔子在《论语·里仁》中所言：富与贵，人之所欲也，不以其道得之，不处也；贫与贱，人之所恶也，不以其道得之，不去也。

爱富恶贫是人的普遍天性，是以获取财富的合理和合法性为前提的，即所谓不义之财不取，超出能力之利不求。无论你我的人生方向如何变化，守住这条准则，才能在名利沉浮中保住基本底盘。

蔡澜曾说过与邵逸夫的一段往事：香港电影陷入低迷时，邵先生请他来出主意。蔡澜开玩笑说："别担心！您这么有钱，把戏院买下来。这样，无论您的电影院里放什么样的电影，老百姓都得为此买单。"

不想，邵先生却严词拒绝道："这个事情我不能碰。因为我不是地产商，一旦买下来，我就变成了地产商，对于钱的观念会发生彻底的变化，我就进入了另外一个世界，而从此不了解其他世界。"

曾经不太理解邵先生口中的此世界和彼世界的区别。直到一日，我在欧洲看到了一幅漫画。站得最低的那人够不到画的底框，完全看不到这个世界；而脚下有大量金钱而站得最高的那个人超出了画的最高边框，也因此看不清这个世界。

唯有站在中间的那个人，右脚下有足量的钱，左脚下有足量的书。拥有不多不少的物质和精神财富，使"她"成了真正看到这个世界并与生活融合相处的人（图2）。

图 2　站在世界前的三个人

对于名利充斥的世界，正如著名企业家曹德旺先生所言："大多数人其实不适合发财，因为当金钱达到一定数量时，就会内心膨胀直至忽视规则、礼仪、尊严，无视底线、人格和道德。因为，这些人将全部都卖给了钱。"

这才是最让人恐惧的地方。财富不能带来满足，王权不能带来力量，职位不能带来尊敬，荣誉不能带来名声，享乐不能带来欢愉。不只是金钱，名与利都具有巨大的反噬力，没有大的德行和智慧很难扛得住。这也是为何很多人眼见起高楼、宴宾客，最终却楼塌了。

　　一个人最好的状态莫过于漫画里的中间人：不为穷所苦，不为富所累，拥有基本的物质保障与足够丰富的内心世界，终而能与这个世界平行、平等、平静相视。

　　这，大体可称得上是与名利、与世界最合适的距离了。

实现财富自由就能到达人生巅峰吗？

　　前段时间，遇见一对母女。母亲出于对女儿的爱，极力说服她通过创业拥有尽可能多的财富——毕竟，这位母亲所见的过得最潇洒的人，貌似都"很会赚钱"。但女儿却认为，其实自己家境殷实，完全没有必要钻到钱眼里去。只要将喜欢的事情做好、做精，愉悦自己的同时也能养活家人，这样的人生也不差。

　　这对看似针锋相对的母女，事实上并无冲突——她们都希望收获愉悦快乐的人生。但差异在于，母亲寄望女儿将名利视为一生追求的核心目标，并认为能从中获得至高快感；而女儿虽然年轻，却更深刻地意识到：财富和名望在实现基本的生存保障之后，意义并不明显，想要追寻更多的幸福，需从本心欢喜的追求中获得。

　　在很多世人的眼里，终其一生的目标为财富自由，一旦如愿便从此到达人生巅峰。但著名作家萨克雷却说："时间是个苍老的讽刺家，总是在嘲笑人们之前孜孜不倦追求的东西有多么的无聊。"

追求声色犬马的物质生活或许没有错，但人生的底色也应有多彩多姿的精神世界相称。毕竟，当浮华梦影灰飞烟灭之时，一颗不空洞乏味的本心才能支持我们真正走下去。在 2022 年的第 24 届冬季奥运会上，18 岁的自由式滑雪冠军谷爱凌技惊四座，为中国队夺得两枚金牌。作为一位真正的"六边形战士"，她所擅长的不仅于此：为了备战北京冬奥会，她通过自学提前完成了高中课程，在 SAT 考试里以只比满分低 20 分的成绩被斯坦福大学录取；时尚表现力极强，深受各大品牌喜爱，成为许多顶级品牌的代言人；她喜欢跑步，几乎可与田径运动员一较高下，更会钢琴、马术、芭蕾，热爱游泳和美食。除了滑雪，她还喜欢分子遗传和量子物理研究；也喜欢新闻行业，不排除将来成为一名记者。

对于这样的年轻人，未来做什么已经不重要。无论以哪种工作方式参与社会，工作本身的愉悦享受与能力的相互滋养，才最关键。毕竟，职场属性是人对应现代社会的需求，但劳动本身更是人的天性需要。不同的是，财富自由的人提前一步有了选择工作的自由；而大多数的普通人，都还在努力前行的路上。无论是否拥有选择自由，人生这一条路都非轻而易举。最关键的是，借助这条路去找寻一片愿意为之奋斗的领域，尽情尽兴地做到最好。

对于任何人而言，财富名利的获得永不该成为人生追求的终点，而只应是开启另一段人生的方向盘。在名利的竞技场里，没有人永远站在顶端。跳开名利的维度，站在其给我们更多的见识和机遇之上，扩宽生命的宽度和广度，找寻我们更合适的方向。某种意义上，这才是享用名利的最积极意义之一。

找到属于自己的人生剧本

在《逍遥游》里，庄子描述过一条大鱼的神话：北方大海里有大鱼，仅仅其鱼背就有数千里。有一天，它想看看更广阔的天空。于是它变成了一只巨大的鹏鸟，一飞飞了六个月都没有休息。

这个听起来荒诞不经的传说，包含着人类浪漫的自由梦想。随着科技的发展，曾经的梦想也逐渐变成了现实：目前，海上航空母舰排水量可高达十余万吨，其提供的能量可搭载并补给数百架飞机；而宇宙飞船能连续飞上很多年，能传回百亿千米外的高清照片。传说中的千里眼、顺风耳也早就因数字技术在普通人的生活中一一实现。

因为有了梦想，人类才能从被限定的环境中超越出来；因为有了方向，我们才能够笃定地迈向内心真正要去的地方。

美国著名的管理大师吉姆·柯林斯，年轻时曾以志向远大且笃定坚持自居。每到新年，他都会制定几个冒险的目标，并在随后一年中为之不懈努力。但他的老师却对此嗤之以鼻:"虽然你不断制定目标,但因方向忙乱、做事随性而无章法,所以很难取得成功。"

看着异常沮丧的柯林斯,老师给他留了两个问题:"请设想自己继承了千万美元的遗产,但只剩十年生命了。你会放弃现在的什么?你会选择其他的活法吗?"

柯林斯花了很长的时间来思索,之后做出了一次重大抉择:他放弃了惠普的工作,选择追逐他真正的志向——成为斯坦福大学商学院的教授,并写下影响无数人的畅销书《从优秀到卓越》。在回归自己人生使命的过程中,他发现了实现非凡人生的"生命三问":

1. 你内心深处最渴望的是什么?

2. 你觉得你的使命是什么?

3. 你能依靠什么为生?

对普通人而言,思考清楚这三问并非易事;随着时间的变化和人的成长,我们的答案也会不断发生变化。我们曾以为自己只是想要一双鞋,不小心多了一身衣服,再后来便换了一份工作,然后进入一段婚姻,紧接着变化的可能是整个人生。这便是心理学上著名的狄德罗效应,揭示了人类难以摆脱的"越得到越不满足"的心理现象。但是,只要我们能随时保持对这三问的思考，并一直走在探寻自己合适方向的路上，我们就能找到属于自己的剧本——不是父母的续集，不是子女的前传，更不是朋友的番外篇。

现实生活里，有许多人都掉进了狄德罗效应的陷阱。他们不停地给生活做加法，总是想要获取更多，每天都行走在追逐的路上，几乎被那些过分膨胀的欲望压得喘不过气来。实际上，有许多东西并不是必需的。于是，在三问答案的追寻中，我们便会逐渐减掉那些不必要的累赘，如同柯林斯放弃惠普高薪一样，轻装上阵。

毕竟，有得有失是人生常态，想在一个领域精进，专注是核心的品质；它意味着我们不仅要对专注的事说"是"，更要对其他也不错的事说"不"。

回首个人过往，我不仅骄傲于自己曾做过的某些选择，比如去国外学习公益，回国内做慈善；同样也为我所放弃的东西而骄傲，如数百万年薪的工作，华而不实的诸多名头等。

到了一定的状态，人生的幸福便不再是做加法，而是做减法。一旦我们保持精进，不断探索自己最想要的活法，专注精进地拓宽"我"的界限便会在有限生命中生出无限的能量和幸福。

　　"人要早点想通，这一辈子到底是来做什么的？我们不是来赚钱的，而是要来完成自己想做的事情。所以，我们要及早选择自己最拿手、最喜欢的事，然后做到极致。无论做什么，没有不成功的。"

正因方向如此重要，著名漫画家蔡志忠老师才如是说。已七十多岁的他，依旧用他的笔践行着四岁半就已确立的一生方向——绘画。如今，他的有关老子、列子等一百多部作品在三十多个国家和地区出版，全球销量更是超过数千万册。即便著作等身，蔡老依然生活俭朴：白粥一碗，腐乳若干，便是家常美味；一坐在画桌前就难以起身，最长高达几十个小时不离凳。床便是桌，桌便是床，忘情地投入与时空、世界合一的心流之中。

对于每一天、每一周，我们多有比较清晰的安排。但对人生这场长途旅行，很多人却没有明确的方向，或者说还没有找到正确的方向，这是一件非常遗憾的事情。过去多年的采访或工作中，我遇见过很多叱咤风云且稳若泰山的成功人士，他们基本上都具备一个共通之处：对自己的人生航向非常清晰，一心一意朝着那个方向驶去。

你，找到自己的方向了吗？或者换个更动人的说法，你有毕生坚持的理想吗？幼年时，我们谈起理想不是科学家就是文学家；现在，年轻人的梦想不是要成为富翁就是要嫁给富翁。在柴米油盐、房子票子面前，似乎谈起梦想嘴角就发笑，谈及方向眉宇就黯淡。

那么，到底什么样的理想才能真正成为心之所向呢？

请仔细观察自己，感受自己在做什么事情时能处在宁静而喜悦的状态；那些心流绽放的瞬间，那些创造力爆棚的刹那，便是你的天赋使命，是能让你心悦诚服付出一生光阴的心之所在。

听，它其实一直都在内心深处等你倾听。

EMPOWER WOMEN

寻觅到值得一生坚守的东西之后，才能发自内心地感受到幸福。

女性的

挖掘当下工作的积极意义，朝梦想的方向勇往直前

曾在英国遇见一位二十九岁的日本小哥——小信。他大学毕业后在东京工作了很长一段时间，终究还是难以忍受自己的专业。经济相对充裕后，小信终于下定决心，选择了一个自己喜欢的专业重新开始。

于是，在牛津大学的一年级里，便可看到近而立之年的小信挤在年轻同学中，热气腾腾地开始学习和生活。在国外，这样超越年龄桎梏、从头开始寻找自我和理想的"奇葩"并不少见，但重新回炉再造其实需要很长的时间和经济成本积累。所以，如若当下经济尚不稳固，客观环境也不允许你荒废时光，不如借鉴这位日本小哥的经验，积攒

足够的资金完成安身立命的基本保障后，再向梦想出发。

当然，如果暂时没有别的工作和学业选项，与其被动地被生活操纵，不如在谋生之外主动且创造性地做事，挖掘已有工作的积极意义。

哈佛大学一项调研发现，某家医院保洁员的工作态度明显两极分化：那些认为自己在从事低下工作、深感自卑的保洁员，很难成为爱岗敬业的好员工；而有的保洁员不认为自己的职位低人一等，将自己同样看作救死扶伤的一员，认为自己的工作会给病人带去卫生的医疗环境，从而带来良好的就医体验和心理安慰，因此他们会对工作、对自己有更加满意的评价。

即便低入尘埃的工作，一旦发现其中的意义，同样也可获得惊人的回报。很多时候是我们对事物的主观判断决定了事物的价值。当我们不再认为自己的工作与他人有高下卑微之别，不再当自己是一台接受指令，遵守纪律的机器，而能看到事物内里的价值，充分发挥自己的主观能动性时，我们就实现了自我的价值。

事实上，条条道路通罗马。

一个人知道自己为什么而活，就可以忍受甚至享受任何一种生活。

寻找内在动机、随时叩问内心当然非常重要，毕竟做自己喜欢的事最能带来满足感；但是，这种寻找不等于彻底放弃眼前和当下。如果从当下能把握的时机和能做的事情中寻找到方向和意义，我们同样也能获得极大的满足，并活出真正的自我。

我出生的小镇临江近山，占地不大但景色宜人。

儿时的我异常顽劣，常不打招呼便撒丫子不见。有次走丢长达一个下午，直到傍晚时分才被一位老师在江堤边捡到。她温柔地牵着我的手，将我带回那早已担心得鸡飞狗跳的家中。

这位老师，是小镇的传奇，出生官宦，北大毕业。本是天之骄子的她被"打入凡间"，成为镇上的一名小学老师，一做便是三十多年。经她调教的孩子，往往洗去了不少乡土狭隘，带着更伟大的志向奔赴她曾生活过、向往过的地方。

小镇的人们很是感恩于她，也很好奇她为何选择留下，我也曾在假期回家拜访恩人兼老师时提过这个问题。早已白发苍苍的她，优雅不改笑意盈盈：

"多年前，刚从都市来这穷乡僻壤，我也曾苦闷异常，深感才华被辜负、一腔热血无处释放。直到看到孩子们那一张张期待的脸，我才逐渐开怀。在北京工作也许看上去更炫目傲人，也更能匹配我大学的专业。但是，在这片土地上成长的孩子们需要更好的启蒙。我的到来，也许真是老天爷冥冥中的指引。虽不能做更合适的工种，却能在当下的教学工作中，在和孩子们的相处中，感受到教育开化、启迪人心之意义。"

"如此，我也心安。这也是为何80年代后的不少回城机会，我都一一放弃了。因为，这片土地还有不断出生的孩子。"

听着老师的分享，感受着她逐渐老去的年华里依旧散发的炙热之光，感动异常。与其让自己在工作中被动忍耐，不如挖掘当下能做的工作之意义所在。这也是老师从原本被动的人生花圃中，依旧种出了灿烂花朵的根源。这才是一个伟大的人格，真正让人充满敬意。

生命短暂。事实上，无论地位高低财富多寡，终有一日我们都将失去它。与其默默告别，不如在有限的短暂生命里，大胆一点，热烈一点，朝着自己梦想的方向勇往直前。

车水马龙的尘世里，人们摇摇晃晃地走向自己第一次且唯一一次的人生。当时间在当下变得越发仓促和短暂时，人这短短一生的方向寻找便极其重要。我们要绕过循规蹈矩的他人训导；走过道德堕落的诱惑陷阱；穿过方向迷失的晨间密林，等待阳光降临的那一刻。

只有确定好方向，拼命朝着养分努力追寻，遇见问题坦坦荡荡地解决，不逃避，不放弃，才能活出最精彩的自己。你将在这一路见识到惊奇，体验从未有过的情感，遇见完全不同的世界，交到想法不同却惺惺相惜的朋友。

期待有一天，我们能为自己骄傲不已；即便未曾到达理想的目标，我们也永不失从头再来的勇气！

至此，便是对生命答卷完整的答案！

女性的 中量

04 / 第四章　　ORIGIN

与原生家庭和解

学 会 超 越 式 成 长 ， 重 获 爱 的 能 力

Origin

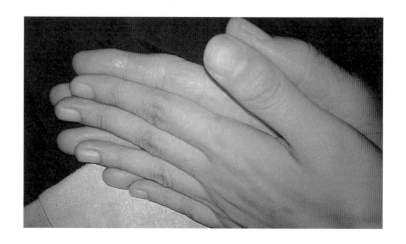

Origin —— 原生

每个人都是这样，

我们必须先释放暗藏在心底的悲伤，

才能够释放内心的爱。

菲利帕·佩里（Philippa Perry）

《真希望我父母读过这本书》

（*The Book You Wish Your Parents Had Read*）

对当代女性而言，通往幸福之路并非坦途。即便科技发展，物质提升，有些来自原生家庭的痛苦却依旧蔓延。正如鲁迅先生在《随感录二十五》中所写：

> 中国的孩子，生他的人，不负教他的责任。虽然"人口众多"这一句话，很可以闭了眼睛自负，然而这许多人口，便只在尘土中辗转。小的时候，不把他当人，大了以后，也做不了人。

百年前的言论，放到今天依旧现实。这个世界上，绝大多数职业都有上岗训练或职前考试，然而"父母"这个终身都无法辞去的重要岗位，却无人培训。原生家庭也许成为许多人尤其是女性一生都难以摆脱的噩梦，更是他们通往幸福人生的最大阻力之一。

"在每个重要、亲密的家庭关系中，翻脸决裂是无可避免的。重点不在于关系破裂，而是要加以修复。"这是《真希望我父母读过这本书》中的一句话。与其将原生家庭的痛苦视为羞辱或伤害，不如将它视为走向重生的阶梯；与其谴责他人或逃避现实责任，不如承认痛苦中也蕴含着巨大的人生力量。

当我们能用一个超脱且睿智的理性高度去目击，去思考，去分析，去撷取其中包含的养分并泯去其中痛苦的挣扎时；当伤疤之处长出厚厚的盔甲时，通往幸福的神奇疗愈也将自然发生。

家，并非总是爱的天堂

《中国儿童发展指标图集（2014）》显示："55%的被调查学生报告在16岁之前遭受过躯体暴力，对儿童实施躯体暴力的主要是父母。"

冰冷的数字背后，是一幕幕人间悲剧，更是令人无法挣脱的童年绝望。不得不承认，不是所有生育过孩子的人，都配得上被称为"父母"。孩子受到什么样的对待，他就会以什么样的方式对人。国际反家暴专家曾做过调查，在暴力中成长的孩子，成年后大多具有家暴倾向；也有许多人聚集在网络世界，一起发泄"对父母的恨"。那么多悲伤的释放和痛苦的记忆，汇集着常人难以想象的伤害、辱骂、侵害、操纵。这让人意识到，家并非总是爱的天堂；对许多人来说，家可能只是痛的地狱。

而对于女性而言，因性别而导致的不平等以及身份认同的巨大落差，让原生之苦尤为深重。曾有摄影师专门拍摄身患抑郁症的成年女性，并问她们：到底是什么让她们深陷抑郁？

答案涉及一个共性问题：原生家庭。有的是父母关系不和、感情破裂至离异，无暇顾及幼小孩子的感受；有的是被父亲或者母亲虐待或遗弃，这些苦痛使得她们在漫长的成长岁月里一直在找寻童年缺失的爱。

其实，世上本没有完美的父母。每个人都是从零开始学习做父母的，每个孩子都或多或少受到过原生家庭的非正面影响。米奇·阿尔博姆（Mitch Albom）在《你在天堂里遇见的五个人》（*The Five People You Meet in Heaven*）中写道："所有的父母都会伤害孩子，谁都没有办法。孩子就像一只洁净的玻璃杯，拿过它的人都会在上面留下手印。有些父母把杯子弄脏，有些父母把杯子弄裂，还有少数父母将孩子的童年摧毁成不可收拾的碎片。"

唯一的区别是：对于原生家庭的痛，有人得到治愈，有人选择谅解，有人终身踽踽独行，还有许多人始终无法摆脱童年创伤。享誉文坛的作家张爱玲，就曾用笔血淋淋地描绘出她的原生家庭真实图景。

她笔触下的父亲：

　　我父亲趿着拖鞋，啪嗒啪嗒冲下楼来。揪住我，拳足交加，吼道："今天非打死你不可！"……我父亲扬言说要用手枪打死我。我暂时被监禁在空房里，我生在里面的这座房屋忽然变成生疏的了，像月光底下的，黑影中现出青白的粉墙，片面的，癫狂的。

她记忆里的母亲：

　　四岁时，父母离婚，母亲远走英国。偶尔回港，母亲住奢华的半岛酒店，却让张爱玲暑假住收容穷学生的学校。在香港大学念书时，张爱玲拿到了八百块钱学业奖励，得到极大鼓舞的她兴冲冲地拿去给母亲看。过两天再来，听说那钱已被母亲在牌桌上输掉了。

　　在张爱玲的理解中，父母都在否定和忽略她；童年的她不被看见，更不被爱。长大后的她，人生变得孤僻乖张，恋父而自闭。

　　面对童年成长的阴影，有人会像张爱玲一样，将病态的童年遭遇融入自己的作品、婚姻生活中，虽与原生家庭老死不相往来，内在却从未真正远离；有人会和太宰治一样，一生都困在原生家庭的伤害里，成为"连幸福都会害怕，碰到棉花都会受伤"的胆小鬼；更有人会变成《愤怒的公牛》（*Raging Bull*）中的拳击手，每当愤怒袭来，就无法控制自己的拳头。

想穿过这段阴暗潮湿的鬼魅森林，走向原谅、和解与治愈的阳光之谷，经历过原生之痛的我们，到底能做些什么呢？

未来的人生，你有更多选择

原生家庭对我们的性格与思维习惯有着强大的塑造力，这一点毋庸置疑，但是，并不是说因为原生家庭有这样那样的问题，我们就没有机会拥有更健全的人格和更美满的人生了。始终沉溺在对父母、对过去不完美的责备之中，其实是在逃避现状和责任；而当我们意识到要独自面对现状，自己承担后果，要依靠自身的力量做出思维和行动的真正改变，人生篇章才会完全不同。

承认伤口的存在

《身体从未忘记》（*The Body Keeps the Score*）的作者、心理学家巴塞尔·范德考克（Bessel van der Kolk）认为：所有对"恨意"的表达都应该被允许。说出父母对自己的伤害，是经历过童年剧痛的人疗愈创伤的第一步。

从心理学的角度看，被原生家庭伤害的人，不能建立和父母间的有效合作关系，并从中获得力量和支持。它导致的直接后果便是：面对真实的世界，自我能力因被削弱而变得极度不自信甚至恐慌。面对周遭"天下无不是的父母"的舆论讨伐，将隐秘的原生家庭之痛隐藏起来成为常态，但也很可能由此滑入自我怀疑的苦痛深渊。

不只是心理上的隐痛，即便是身体疾病，承认并表达都是治疗的第一步。我的母亲重病前，三邀四请不愿回城，独自寡居在老家。她身体不舒服了很久，为了不让远方的子女担心，更不喜欢吃药住院，一直隐忍不发地苦熬着。直到长久的疼痛再也伪装不下去时，才承认自己病了。此时，疾病已如山倒般凶猛来袭。

不管是身体还是精神的伤痛，都绝不应该讳疾忌医。真诚地承认自己的伤口，是直面并疗愈创伤的开端。这份表达包括但不限于书写、倾诉、绘画等种种积极方式，重现创伤场景。当伤害得以呈现时，想象这些伤痛已被妥善地存在了一个能容纳情绪的全新器皿中。

只有承认自己受过伤，并让痛苦、悲伤等负面情绪被全然包容地表达出来时，我们才可能向过去告别，更轻盈大步地向前走。

— EMPOWER WOMEN —

接受自己的情感，不要试图压抑或忽略自己的痛苦，允许自己感受并最终穿越这些真实的情绪。

女性的 *卩卷*

找到伤痛源头并与之和解

荣获第 91 届奥斯卡金像奖最佳外语片提名的电影《何以为家》（*Capernaum*），讲述了十二岁的黎巴嫩男孩扎因的悲惨童年。

贫民窟的家里，连一张像样的床都找不到；没有合法工作和正常收入的一家人，常常食不果腹；刚迎来初潮的女儿立马成为待价而沽的商品，被父母随意婚嫁买卖致死；家里大点的孩子要帮父母维持生计，小一点的被锁链困住了脚，像狗一样长大……

本应全力撑起这个家的扎因父母，给孩子们的却是永无止境地压榨、侮辱、打骂，唯独没有爱。当人们试图去寻找孩子受虐的原因时，却悲哀地发现那些曾以为是刽子手的父母，实际上也曾是承受原生家庭之伤的受害人。法庭上，扎因的母亲被质问为何这般为人父母时，她的回答如此悲凉："我也是这样出生，这样长大，我不过是重复了我父母的做法，我做错了什么？"

是的，在同样环境下长大的她，不过是将从上一辈那里得到的虐和痛，不由分说地施与了下一代。于是，类似的伤痛便在时光流转中代代传递。扎因及他的兄弟姐妹们不可逆的童年痛苦，除了父母的不负责任，整个家族甚至社会都无法脱责。

如果伤痛未曾被疗愈，最有可能的后果是继续传递给下一代，而后开始新一次的悲伤轮回。

作为美国电影史上最伟大的演员之一，简·方达（Jane Fonda）凭借其精彩绝伦的演技将两座奥斯卡最佳女主角奖、金球奖、金棕榈奖等重要奖项都收入囊中。

左手美貌、右手事业，简·方达似乎满足了社会对女性成功的全部期待；但是表面的光鲜之下，她的个人生活似乎并不幸福。

儿时父亲移情别恋以至离婚，母亲因躁郁症而自杀，继母将她赶至无家可归。童年的不快乐，给简·方达留下莫大的阴影，如乌云般笼罩着她前半生的感情生活：结婚前，强迫自己努力活成父亲喜欢的样子；婚后竭力迎合几任丈夫的喜好，以此换取关注和爱。

于是，在一个又一个奖杯中，在一段又一段情感中，她人生的前六十年一直在漂泊流浪，一直在不停寻找：寻找被爱，寻找肯定，寻找认可。

唯独，没有寻找自己。

直到简·方达人生的第五幕徐徐拉开，折腾了大半辈子的她才终于和内心的自己和解，和童年的自我相拥。她终于意识到：父母没有能力爱我，不是因为我不值得被爱，而是因为他们也曾受过家庭的伤，所以不知道怎样去爱人。

不只简·方达和小扎因的父母，世间大多数父母在第一次成为父母之前都没有经历过练习。正因如此，再"完美"的亲子关系中，或多或少都会有裂痕。与其像曾经的简·方达那样大半生被困在父母人生的课题中，不如更早一些明白区分自己和他人的课题（即使这个"他人"是亲生父母）的重要性，从而脱离原生之苦，获得幸福的人生。

世间的每个人都有自己的课题。父母的人生是他们的课题，必须由他们自己来解决；作为子女，我们需面对的是自己的课题。唯有全面的维度和豁达的心胸，才能陪伴我们走向宽广的智慧。

把困境视为突破自我的契机

有位名人在小女儿的生日贺卡上写道："亲爱的女儿，生日快乐！感谢你看得起咱家，四年前赶来投胎，听说投胎的决定时间只有五秒钟，看来你心明眼亮有办法。我猜你一定是带着剧本来的，所以我们不会多打扰你，你就自由且自然地长大吧。"

与之相应地，心理剧治疗法也认为：人生不过是一场场针对每个生命成长需要所设计的灵魂教育剧。在这场剧中，让心灵成长最快的，往往是那些让我们痛苦的关系。问题是面对痛苦，我们是选择努力探寻其中积极的阳光面；还是沉溺于消极的痛苦面呢？

美国有一对双胞胎，出生于父亲失业酗酒、母亲卖淫吸毒的不太健康的原生家庭。在社会福利机构的帮助下，兄弟俩少年时被不同的家庭领养，原本相同的人生列车开始朝着不同的方向驶去。哥哥不想重蹈亲生父母的覆辙，他努力读书勤奋工作，最终成为一名身价过亿的企业家；而弟弟却在原生家庭的泥潭里不能自拔，最终成了父亲的仿版。

有趣的是，当兄弟俩谈及自己的成功和失败，源头都指向了同一个人——他们的父亲。

哥哥吸取其教训，引以为戒；弟弟却亦步亦趋，走向末路。

生在一个不尽如人意的原生家庭，不是我们能选择的，但如何长大，我们却拥有选择权。如果像弟弟那样沉溺其中自怨自艾，会催生对关爱的强烈渴望，成年后依旧不断向外去寻找关爱，这样很容易陷入两性关系持续受挫的误区；更可怕的是，如果我们将原生家庭视为转不出去的命运轮盘，会使得我们的生命力停滞不前，最终浪费了最好的修行课题。

当然，我们也可以选择接受这样的表达：每个人都是带着大爱降临在人世间的，因为我们爱意饱满，所以选择了一个相对不完整甚至极度匮乏爱的家庭，让我们与生俱来的爱有安放之处。如上文中的哥哥，他把不完美的父母作为对照自身成长的医生，视不圆满的原生家庭为引以为戒的镜子，最终获得属于自己的圆满人生。

实际上，不管原生家庭让曾经的自己处于怎样的境地，作为一个成年人，恨和怨都不是最重要的功课。沉溺于惩罚对方的快意之时，我们自身也在承受着万刃穿心之痛。

正如根据真人真事改编的电影《风雨哈佛路》(*Homeless to Harvard*)，女主人公来自父亲酗酒暴力、母亲精神失常的贫民窟家庭，衣食无着、居无定所的她，却始终不放弃自我，勤奋努力最终改写命运。她说："我为什么要觉得自己可怜？这就是我的家庭，我的世界。我甚至要感谢它，它让我在任何情况下都往前走。我和其他人来的世界不一样，我没有退路，我要更努力，更努力地把自己推到另一个世界中去。"

这是主人公的内心呐喊，更是突破类似的黑暗世界的唯一出路。

超越式成长：让伤害到我们这一代停止

童年经历会影响一生，甚至会代代传递。

很多人发现，自己成为父母后，会沿袭父母之路与自己的孩子相处。童年的亲子关系，逐渐成为相对固定的内在关系模式，若不能破茧而出，那自己的命运便容易在下一代人身上再次轮回。

原生家庭带给我们的伤痛，可能也是原生父母曾经背负的沧海。打破这种恶性循环，停下对自己的新家庭和下一代的复制伤害，是成年人重要的超越式成长。

在不如意的原生家庭长大的人，很可能发现自己越来越像曾百般抵抗过的父母。他们进入两性关系时，很容易复制、粘贴父母的关系：

成为不停唠叨的母亲，或容易出轨的父亲；进入亲子关系时，逐渐变为曾深恶痛绝的父亲，或优柔寡断的母亲之翻版。

不做"扶弟魔"，把爱与成长留给自己

电视剧《都挺好》中的苏母，是一个重男轻女的母亲角色。在她的影响下，老公巨婴、儿子无能，女儿因痛恨她而长期不回家。苏母自己的故事被揭开时，人们发现：她自己原是一辈子被母亲利用，甘心被弟弟啃的"扶弟魔"，人生的许多重要决定都不过是为了父母和弟弟过得好。可悲的是，她也继续以重男轻女的方式养育自己的儿女，这便是一个创伤代际传递的鲜活案例。

但是，即便遭遇相似的境遇，也并非所有的父母都会选择同样的处理方式。印度电影《炙热》呈现了闭塞村庄里女性的悲凉生活：身为童养媳的拉尼，从未得到过丈夫的爱，年轻守寡的她在烦琐家务中蹉跎半生；拉荞结婚多年，明明是丈夫不能生育导致膝下无子，却一直为此背锅忍受家暴；碧琪丽虽然生活自由，却因舞女职业遭人排斥、歧视甚至欺辱。最终，电影以三位女性开着简陋三轮车奔向远方的画面仓促收尾。

对于这样悲苦的命运，导演设计"企图通过漫无目的的笨拙逃离解脱"的结局，未免太过理想化，但电影中有一些画面依然让人非常动容：当拉尼目睹自己负债买来的童养媳亦步亦趋走入相似的痛苦因

笼时，她不愿再让自己的悲惨童年和被枕边人遗弃的伤痛再次重演，毅然放走了花尽半生积蓄买来的童养媳；卖房还债后仅剩一点钱，她还拿出一部分让非亲非故的女孩回到学校，回归到一条可向上攀登、有新生希望的人生道路中去。

这便是平凡人们从痛苦荆棘中开出血红玫瑰的动人成长！

不可否认，原生家庭很大程度上影响着孩子的性格走向，所以心理学家弗洛伊德在进行精神分析时，会密切地关注来访者的童年经历。但这并不意味着出生于糟糕原生家庭的人，只有延续旧有思维或固有行为一条路可走。不同于极具依附性的童年，一个成年人想要具备健全、独立的人格，就必须从原始家庭抽离出来，重新成长。这便是真正阻断悲哀命运轮回的关键：从我们曾经饱受过的痛苦中，开出璀璨的生命之花，以全新的爱的方式滋养我们的未来和后代。

第二性：女人不是天生的，而是后天形成的

当下的女性，自认为一定程度上掌控着自己的生活，甚至在某些时刻会意识不到性别问题的存在，但对比过去，多年前女性的许多困惑，到今天依然存在。

在人类进化早期，男性在体力等生理方面天然优于女性，更强的体力意味着更好的食物来源和更多的生存机会；而进入农业社会后很长一段时间，男性在耕种上扮演的主体角色，使养育男性后代

也能获得更多的养育回报，因此形成了相对女性的性别优势。总之，过去的女性因生理结构等被局限在重复性的怀孕生子和家务劳动中；而社会普遍认为男性比女性更能为家庭带来利益，因此造就了重男轻女的社会。

如今的时代发生了巨变。科技发展使男女在劳动产出上的差距缩减；宪法明确支持男女平等、同工同酬的法律阐述，更使得男女的经济地位获得了形式公平。但法律的实施在现实中依旧有提升的空间；两性从形式平等走向实质平等，还有一段不短的路要走。

> — EMPOWER WOMEN —
>
> 对于父母而言，最好的养育方式不是严加管束孩子，而是不要去妨碍她展翅高飞的天赋，不要剪断她与生俱来的翅膀！
>
> 女性的 *P 唐*

一方面，许多女性因为时代桎梏或教育缺失等原因，只能在琐碎无聊的事情中生活，个人的自我发展受限；但另一方面，她们却在生活的无尽挑战和磨难中，呈现出不输男性的、无比珍贵的英勇与智慧。这些不输男性的品质说明：性别不是问题，社会评判才是。在自然本质上，女性的智力、勇敢和创造力并不先天低于男性。事实上，当女性同样得到足够的教育机会，获得足够的视野去看这个世界，获得足够的机会去挑战自我的认知。未曾被斩断过飞翔翅膀的她们，也都能同样成为令人尊重的世界的拥有者和创造者。

电视剧《大明宫词》中，作为女性价值初代觉醒者的女皇武则天，在向女儿太平公主评论男宠张昌宗时，点出了几千年来女性都不曾正视过的真理："你看到了吧，任何男人，无论他是柔媚的，还是阳刚的，只要他处在女性的处境里，他就是个女人。"

千年前的武则天所看到的，和百年前波伏娃在《第二性》中探索女性个体成长时发现的真相如出一辙：女性的社会处境造就了具有"女性气质"的女人。既然男女都是人类，那么女人就应该跟男人一样是自由和平等的，而非因为其生理上与男人有别就应从属于男人。

正因如此，像武则天、波伏娃一样勇敢的女性，一代代都在用尽全力来探索女性生命的多样性：可以驰骋职场，也可以相夫教子；可以性感诱人，也可以恬静似水；可以流泪悲伤，也可以肆意欢歌。在贤妻良母的传统边界之外，女性可以追权逐利，可以目空一切，更可以颠覆过往，凭借自己的勇气和智慧来赢得属于自己的每一场战斗。

逃离受害者模式，责任必须自己去扛

朋友小洁的孩子得了 ADHD（注意力不集中多动障碍）。每每谈及孩子的问题，她都会马上控诉自己早已过世的父亲，称其曾惊吓过幼时的孩子。

除此之外，还有吗？

她突然落泪："其实带孩子去看心理医生时，医生说孩子没有大问题，要看心理医生的人是我自己。"提及父亲曾经对自己的轻视，小洁仿佛脆弱得一碰即碎，出生于重男轻女式传统家庭的她，显然并未从对父亲的愤怒中走出来；在不满的哭诉中，已过世的父亲成为小洁现在一切问题的根源——她忘记了自己早就成年，结婚，育子，早就是一个法律和社会意义上独立的个体。

然而，这份指责不仅不能让她面临的现实问题得到缓解，反倒会让她陷入更深的泥潭无法自拔，因为所谓的"责任人"已不可能为此负责。这才是问题的根源。

意识到原生家庭的问题时，我们多已长大，而父母已经老去甚至离开人世，那些错误变成了无头冤案，他们无力担责，或者无人为我们担责。于是，我们选择逃避，逃避自己的成长，逃避现实的责任。从潜意识来说就是，我们并不想为自己的人生承担起责任。

沉溺于受害者模式，显然不是明智的选择。受害者模式的核心特点是，当事人无论何时何地都会将自己置于弱小、凄惨等消极无助的境地，总能自觉或不自觉地把自己当成受害人和弱者，不道义的是与之相关的另一方。

该模式的好处显而易见：比如，永远躲避在"无辜者"的躯壳下面，心安理得地逃避成长和责任；比如虚假自恋——一个认为"我没有任何错"的人，很难看到自己的不足，甚至会对缺点视而不见；比如，充当"弱者"也会不知不觉成为其获得关注和爱的途径。

当然，不完美、不幸福的原生家庭不是你的错；但你若一直沉溺于原生之苦而不肯走出来，错的就是你了。成年人作为独立的个体，拥有对自己真正负责任的义务，包括承担痛苦、抚平伤痛，为自己建立幸福的生活。错误也许是他人的，但责任必须自己去扛。正如身体上的伤口，也许是他人造成的，但它的愈合还是得依靠自身的力量。

作为美国非常成功的谈话节目主持人，奥普拉·温弗瑞成了第一位获得金球奖荣誉的黑人女性。然而，回首奥普拉的前半生，除了曾备受歧视的黑色皮肤外，她的原生家庭更是一片狼藉：9岁被强奸；13岁酗酒、厮混、自暴自弃；14岁生下的孩子在不久后夭折。

不幸的尽头，是全新的转机。当她重新回到学校接受严格的教育时，当她一步步磨炼为成功的主持人时，当她从叛逆女孩成长为全美极具影响力的女性时，她提笔写下自己的心路历程："当处境艰难，我都会去寻找力量的源泉——能直面障碍并穿过它的能力。不是说那些持之以恒的人没有怀疑过、害怕过、筋疲力尽过，但在最艰难的时刻，我们有信念，只要我们能以人类所拥有的无与伦比的决心为力量之源，我们就能学到人生要教会我们的那些最深刻的教训。"

直面过去，奥普拉用她的坚毅凤凰涅槃，锻炼出自己的韧劲、勇气、自律和决断力。最终，她将原生家庭的一把烂牌打出了绚出天际的王炸，成为指引万千女性精神成长的指路明灯。

事实上，每个成年人都有个体的判断力、选择权和决定权，每个人都有自主行为能力，这决定了我们是被动接受并沉溺于环境的负面影响，还是从消极境遇中绝地重生，努力向上攀爬。

值得庆幸的是，人类具有复原各种创伤的能力。当我们选择放弃"受害者模式"，鼓起勇气大胆地从原生家庭的伤害中走出，为自己的人生负起责任而追寻真正的幸福时，那累累伤痕才会被岁月温柔抚平。

掌握"恰到好处的亲密"

二十多岁时的我，不省心也不懂事。母亲常常催婚，催急了我便气鼓鼓地说："还不是因为您和父亲常常吵架，使我对婚姻没信心。"母亲听完很沮丧，似乎也无力反驳。后来，好不容易进入两性关系里试水，进场之前就提无理要求：我脾气不好，你能接受这一点，我们才可开始。

年轻时的热血会诱人不顾一切地答应，然而，伴侣怎能承担这般重大的疗愈工作呢？毕竟，即便是爱人或亲人，都不该为童年里那个

"她"的伤痛负全责。当然,如果足够幸运,我们会遇见一个心疼"她",不让"她"受和原生家庭相似痛苦的智慧之人,但好运之剑不会频繁出鞘;真正的幸福,是不论出身几何,快乐与否都掌握在自己手中。

如今再度回看父母长达半个多世纪的婚姻,没有出轨更无狗血,父亲勤力,母亲慈和,儿女成群子孙绕膝。某种意义而言,子女眼中所谓的"吵架",可能不过是父母经年历久后的沟通方式,可能粗糙却很实在。这段近一个甲子的钻石婚姻虽非满分作文,但其中呈现的"执子之手、与子偕老",已然比许多渐趋陌路的"形式婚姻"好得多。

时光成就了父母的婚姻,也疏解了我对婚姻的恐惧。

当自由意味着选择,选择意味着承担之时,内里的成长就此开始。真正能治愈我们的,只有重拾内在的力量,通过爱意匮乏的原生家庭进行"反面学习",引原生家庭的不幸之处为鉴,才可能走出一条优于原生家庭的亲子关系或两性关系之路。

原生家庭,其实也可以重塑

社会近年掀起的心理治疗风潮中,原生家庭频频被视为情绪问题的终极原因。正如网络段子里所说:"当代青年在遇到挫折时,会查查最近星盘是不是水逆;如果没有水逆,再去看看是否最近锦鲤转发太少;如果还是失败了,那么一定是原生家庭有问题。"

似乎任何不适都能在原生家庭里找到原因，然后就有了归责父母、让他人为自己现状背锅的借口。但是，如果一定要回归"原生家庭"找原因，意义只有一个：让我们看到成长烙印中最深的那条疤痕，然后"寻医服药"并疗愈，直到有一天它长成了最硬的翅膀，助力我们翱翔！

与其地理分离，不如心理断奶

前段时间，遇见女孩颢颢。

在一个压抑的家庭生活了二十多年后，颢颢终于品尝到独立的味道。她一人在城市生活和工作，已有大半年未和县城的家人见面。她说："父亲脾气暴躁，喜欢暴力解决一切争议，公务员的职业又让他养成了'一言堂'的性格；母亲懦弱，只会用沉默或出走来表达愤怒和不满。幼年的我，除了忍受和压抑，别无选择。"

奇怪的是，本以为成年后远离了父母就会幸福，但颢颢却发现她并不快乐：因为不联系生养自己的父母，她常心生愧疚；因为孤独，她谈了恋爱，但恋人的性格似乎是父亲的翻版，或者说，她在新的环境里构建了一个和原生家庭相似的痛苦关系。

诚然，学会告别原生家庭是心智成熟的开始，但父女间的连接很难因为不联络就完全切除。毕竟，父母子女之爱是天然、本能，更重要的是在原生家庭中成长的我们，某种意义上已被塑造成既定模样。

地理意义上的分离之初，也许能有摆脱束缚、重塑自己的幻觉，但只要内心未真正成长和超脱，一旦有机会回到旧的环境，便易重归旧的死循环，或是在外面的世界里与别人进入重复的循环，甚至一生都无法挣脱。

剑桥大学博士塔拉在自传《你当像鸟飞往你的山》中写道："我的童年由垃圾场的废铜烂铁铸成；不上学，不就医，不允许我们拥有自己的声音，是父亲要我们坚持的真理。我曾怯懦、崩溃、自我怀疑，内心里有什么东西腐烂了，恶臭熏天。直到我逃离大山，打开另一个世界。那是教育给我的新世界，那是我生命的无限可能。"

塔拉通过自己的勇气和天赋，凿开厚壁让光透进黑暗，逆风翻盘改变了自己的命运。她用时间和努力呈现了打碎旧世界的真实初衷——重建一个美好的新世界。

尽管人类无法抵抗命运，但却不能因此丧失寻求真相、认识自我的勇气。对饱受原生家庭之苦的人们而言，努力放下对原生家庭的心理依赖，是必须的一步；而在苦难磨砺中找到信仰的山林，才可能攀上更高的人生之峰。

活出强大羽翼后，带着习得的爱回去

当我们有能力从原生家庭中出走，一切就结束了吗？

不，如果可以，我们可能还有更高的使命——出去是为了更好地回来。不仅建立好自己的新家庭，还能回报曾满目疮痍的原生家庭，疗愈我们曾经爱意匮乏的父母。

父母之爱子女，实为天性。除去极少数带着无名的恶意去虐待孩子的无良父母，还有一部分父母即使不被理解，却已用尽全力给出他们最好的爱了。《何以为家》中卖女的父亲，在法庭上回答为何将刚刚月经初潮的女儿嫁给一个大她十几岁的男人，最终致她死亡时，父亲泪眼婆娑：跟我们在一起吃不饱穿不暖，嫁人之后，起码女儿能有张真正的床。

不久，在生活重压下，痛恨父亲卖掉妹妹而离家出走的小扎因，被迫卖掉了在他走投无路时唯一愿意帮自己的女仆的孩子，以换取自由——与他曾深恶痛绝的父亲之做法何其相似。也许，小扎因此刻才能理解，成年世界里那些被贫穷压迫的卑微灵魂，正在承受的折损不堪和无能为力。

理解父母的无力和无能之处时，我们才算真正长大了。这时父母也老了，我们可以试着拿他们当孩子，教他们表达曾经羞于出口的爱。

"我爱你"三个字，就是我教给那传统私塾中走出来、不喜欢表露情感的古董父母的新表达方式。当收入能承担起赡养责任时，我将老两口接过来城里同住。每天出门上班之前，我像对待两个老小孩一样，亲吻他们的额头，拥抱他们说：

"我爱你们！"

开始时，父亲十分窘迫，母亲很是害羞。等到父母受之泰然后，我又慢慢反问：

"爸，你爱我吗？"

"妈，你爱我吗？"

他们的回应，也自然而然地到来。

当然，对父母的"思想反哺"，开始一定是艰难的，尤其对于一些顽固父母而言，有着超乎想象的崎岖。此刻，耐心是一种愿意慢慢等待自然花开的包容智慧。

有养蚕的小朋友为帮助蛹化成蝶，用剪刀早早破开茧，但这样的结果很难收获一只健全的蝴蝶。完美蝴蝶的出现需要成熟的茧房，这是一个无法被催促的自然过程。在时机还不成熟时，急于求成不仅无益于达成目标，反而会让事情变得更糟糕。

所以，请多给予点耐心和细心，给逐渐老去的父母，更是给还在成长的自己。

除去耐心，我们还需从源头上明白：父母的人生，子女同样也不能绝对支配与决定。我们只能尊重他们，提出自己的建议，帮助父母重新认识人生。毕竟，即便同是家庭成员，我们依然是独立的个体，依然有各自的人生边界。能守住"关心引导"与"教育强迫"之间的细微界限，才能让我们对父母的人生有客观的态度。

事实上，对父母的引导，更是逐渐成熟的我们对原生家庭最好的反哺。当站在更高的维度看到父母的局限和不足，真实地理解他们生而为人的困境之后，用一份真诚的爱将父母看成"老小孩"，耐心地教他们曾经不会的爱的表达和爱的叙述。

这便是为人子女功课里重要的成长，更是父母子女一生缘分里最大的福报所在。

> 家庭关系相处的艰难在于，它少有时间和空间来缓冲。哪怕是父母子女，保持彼此的边界感非常重要。人，终究是自己命运的承担者。
>
> 女性的力量

2023 年，是我的父亲去世的第五年。

我的父亲，勤勉克己，刚强善意。作为一个受过传统私塾教育、经历过时代家族极速裂变的男性，客观来说，他尽到了作为父亲抚养和教育的最大责任；主观来说，在一个女儿看来，我的父亲在"父"这个角色上小小的缺憾是重男轻女。

作为父亲的晚来得女，我必须承认他尽全力陪伴了我三十多年。我深刻地感恩他对我人格的塑造与品行的洗礼，更重要的是，他给了我足够的再生时间，来一一化解与他的爱恨纠缠。经过了多年的不解和愤怒，最终告别之前的几年，我开始逐渐理解他为何成为他。

父亲最后的岁月，是被衰老与疾病，倦怠与困顿圈禁的时光。少年时因被时代沉浮碾压患下的严重关节炎，将这个一生都硬气挺拔的男人的晚年，牢牢地困在了轮椅上。

他顽强的意志力和不屈的行动力被无力的肉身所束缚。终于，他的火暴脾气开始逐渐温和，他开始有选择地聆听或闭耳，他也开始有限度地表达爱与感恩。

而那些日子，刚好也是我在职场如鱼得水的几年，经济上的游刃有余让尽力孝顺的处理方式也变得简单：父亲大多住我家，花费占大头。在金钱的付出上，我对他毫不吝啬。在情感上，我也开始做一些功课，试图理解他成长的时代和背景，他生命中的教育和经历，他性格中的刚硬与柔软，他生命中的伟大与缺失。当我尽全力不留遗憾反哺与他的父女亲情，也尽力去察觉和体谅父亲行为背后的动因开始，我才开始了与他的内心和解，不再怨恨他。

中国的传统父亲们许多也和我父亲类似。作为个体自身，他们的命运常常颠沛流离，他们的生活常常悲喜交集，他们的远见也常被阻断而一波三折；作为父亲本体，他们多遵循男尊女卑的传统，他们多有难以到达的梦想，他们也多有难以逾越的高墙。

父亲走后的第一时间我写的告别信，发自肺腑但也客观理性。五年后重读，无须增补几何。他的离开没有给我带来巨大痛苦，甚至还有隐隐的小小解脱。我感谢他给予的生命之始和养育之恩，我也不再憎恨他那些未曾给予的、不够圆满的父爱。当我和他告别时，我没有太多遗憾和留念，也没有过多痛苦和追念。

我想，这也是父亲给予我的最后也是最好的一份礼物。

这些年我很少梦见他。偶尔在路上看到和他类似的高大威武的老人，我常常得缓好一会儿神。我还是会想念他，想念他对我的支持和认可，想念他在一些重大问题上的核心意见和给予我的选择自由，想念他对我的嘱托和放心。最近一次梦见他是某个艰难时段的一次午睡里，他走过来对我说：孩子，最难的时候已经过去了。

午觉醒来，我知道，父爱还在，以我不曾察觉的方式。

所以我想，不管过去如何，感恩永远为上。

作为凡人，少有人会认为自己拥有圆满的原生家庭。每个人都会或多或少地在自己的原生家庭中遇见困难甚至经历苦难。不必谈原谅，不必谈放下，重要的是，我们是否能够从受害者的思考中抽离出来，能够超越个人的伤痛和体验去思考这份原生家庭历难背后的逻辑和原因。

直到有一天，我们终能站在更高维度的视角，泯去痛苦的挣扎，为自己创造这一生真正所需的、充足的爱之补给，通往更好自我的成长之路。

05 / 第五章 INDEPENDECE

女性独立的内核

成为自己人生的决策者和执行者

Independence —— 独立

凯伦：你离开的时候，并不是每次都去狩猎。你只是想短暂地离开一下，对吗？

邓尼斯：是的。和你在一起是我的选择，但我也不想按别人，包括你的想法来生活，不要勉强我。我愿意承担独立的后果，就算偶尔寂寞甚至孤独而终。

凯伦：可以，但你也同时强迫我为你的选择，付出了孤独等待的代价。

邓尼斯：不，你有权选择。我不会因一纸婚约而与你更亲近或更爱你，而你也不需要我，你只是搞混了需要和占有的区别。

电影《走出非洲》(*Out of Africa*)

在获奖无数的电影《走出非洲》里，凯伦的勇敢给观影者留下了深刻的印象：她独自一人经营农场、不畏艰险护送物资去战地、不顾众人阻挠要改变当地土著的陋习、不惜下跪恳求总督为土著留下一块可以安家的土地。她坚强地面对一切苦难，甚至在大火烧毁所有收成时，也没有流下一滴眼泪。

但就是这样一位让人肃然起敬的女性，在崇尚"人都是生命过客"的灵魂伴侣邓尼斯身旁，依然也在独立和依赖间纠结辗转，在幸与不幸的边缘来回游荡。即便勇敢如凯伦一样的女子，内心深处依旧将自身的幸福与外在的依赖关联；更不要说许多远没有这般勇敢的女生们，更视独立为冲走幸福的洪水猛兽。

然而，无论西方还是东方，无论过去还是现在，独立都是女性逃不过的一门必修课。正如玛丽·沃斯通克拉夫特（Mary Wollstonecraft）

在《为女性权益辩护》(*A Vindication of Rights of Woman*)中写道:"我久已认为,独立乃是人生最大幸福,是一切美德的基础;即使我生活在一片不毛之地,我也要降低我的需求以取得独立。"

面包和玫瑰:为自己的诉求而活!

心理学博士黄菡写给她十八岁女儿的信里提到的:"身为女婴,你出生时要割断依赖我的生物脐带;身为成人,你十八岁时要割断的是依赖父母的心理脐带;生为女人,你终身需要割断的是依赖男人的文化脐带。"

生物脐带的割断,成年人都做到了,故而能够作为独立的生命个体存活并成长;心理脐带的割断,大部分女性也应该能够做到,或正在努力践行的路上;但依赖男性的文化脐带之割断,却是不少当代女性要共同成长的方向。

这便是女性独立的内核:时刻关注自己的成长,在人类的多样性和自己的独特性面前,找到"我是谁"和"我想成为谁"的答案,成为自己人生坚定的决策者和执行者;不以依附任何人为资本,不在任何环境中迷失自己。哪怕是爱情,都不应阻挡我们竭尽全力去生活、去工作,并在其中探索世界与自我。

> 在成千上万昏暗的厨房和灰蒙蒙的厂房
>
> 我们感受到突然照射进来的和煦阳光
>
> 妇女的觉醒意味着一个族群的崛起
>
> 我们要分享生命的荣光
>
> 面包和玫瑰，面包和玫瑰！

20 世纪 70 年代，美国诗人詹姆斯·奥本海默（James Oppenheim）的这首《面包与玫瑰》（*Bread and Roses*），唱出了女性对物质和精神的双重诉求。实际上，不只是女性，物质保障和精神富足对任何一个健全人格的成长发展都是不可或缺的。独立之路并非易事，但突破各种阻碍或考验来追求自我的独立性，是人的共同目标。

只是，独立的人是相似的，而不独立者各有各的不幸。

经济独立，才有底气抵御陷阱与诱惑

独立的第一要义，当然与经济独立有关。金钱的确不能买来世间的所有美好，但它却能解决世间大多数的难题，比如饥饿、寒冷。

我出生的家庭并不富贵。小时候过年，也曾有过一个瓦罐煲汤充作年菜的窘迫日子。饭后，妈妈回厨房洗碗，古旧的瓦罐留在桃屋方桌的正中央。幼小的我屁颠屁颠跟在难得空闲的父亲后面散步，最快乐的事情便是在一堆炸裂的烟花碎片里，捡到了一只奄奄一息的红色气球。我兴冲冲地将它吹得鼓鼓囊囊，高举着雀跃回家，一路上蔓延的都是幸福。

虽不宽裕，但父母对我这个最小的孩子尽了最大的呵护。他们以日复一日未曾停歇的劳作而身传，以"靠山山会倒，靠人人会跑，靠自己最重要"而言教，给了我这一生最重要的财富：依靠自己，获得独立。

其实父母往上几代，都是当地名门望族，爷爷及外婆辈皆是享受过极致荣华，且常有善举之人。然而，当历史的洪流席卷而来，个人最好的姿态不过如浮萍般顺水而流。

一切都在变动中，唯有自身独立最可靠。

我们常常说要抵御诱惑、控制欲望，但一个人底气真正的提升，在于知道凭借自己的能力踏实工作，就不会有衣食之忧，不受风雨之难。

正因如此，在财色名利的诱惑面前，在自己不喜欢的人或事跟前，有影星可以那般洒脱地说出："我过去工作一直非常努力，为了挣钱来建立'去你的'基金。有了这笔钱以后，当你被逼着做你不情愿的事情时，你便可以豪气冲天地说：去你的！"

对此，我也感同身受：若是无经济独立支撑，父母退休后，我便无力接到身边赡养；母亲大病一场，我也会无力医治；当年精神困顿，更无钱出国看世界；面临工作抉择，我也无法随心而为；甚至很大程度上，当下的单身也是经济独立赐予的：在真爱到来前，拥有不必被迫委身于某段不幸婚姻的挡箭牌。

在社会上，不管是有意还是无力，因经济原因被迫进入婚姻或依旧维系并不幸福婚姻的女性，并不在少数。对她们而言，婚姻是用生育价值换取生活成本的无奈选择，也是获得生存资源的主要途径。当缺乏文化和技能底气时，背负着家庭和经济双重责任的她们，甚少有时间和精力来考虑另外一种活法。这真是莫大的悲哀。

与之相对的是，有知名媒体调查显示，女人的薪水越高，对婚姻的渴望就越弱。高收入和低收入的女性相比，前者不想结婚的人数是后者的两倍以上。女性经济上越独立、阅历越丰富，婚姻对她们的吸引力就越小。正如古人所言"无欲则刚"，无欲是相对于诱惑而言的。如果自己的能力就能满足衣食住行的欲望，我们便可更加从容地追求精神世界的富足，安定地遵照本心并形成笃定主见：去对不喜欢的人和事说不，对想要的事和人说好。

EMPOWER WOMEN

> 除了去爱，女人可以有思想与灵魂，有美貌与智慧，在经济独立后，她们同样可被赋予拥有一切。
>
> 女性的

对单身成年女性而言，保持经济独立是重要的；而对于进入婚姻的女性来说，丢掉赚钱的能力同样也是万万不能的。英国社会学家安·奥克利（Ann Oakley）在《看不见的女人》（*The Sociology of Housework*）

一书中说：在家庭事务中，女性的实际工作被隐藏在"妻子"和"母亲"的性别面纱后，其家庭劳动地位之低更压低了本就不高的女性社会地位，使她们成为最受剥削的人之一。

波伏娃在《第二性》中对全职太太的描述一针见血："几乎没有任何工作的辛苦，可以比得上永远重复的家务劳动带来的折磨——干净的东西变脏，脏的东西又被弄干净。"

即便如今科技发达，大半个世纪前波伏娃描述的性别不平等在当下依然屡见不鲜。例如，有男明星被拍到办理离婚手续，经纪人盛气凌人地发表声明：短暂婚姻存续期间（实为女方的孕期和哺乳期），女方（原本也是小有成就的明星）无任何收入，全是男人养家。连看似光鲜的明星都有如此遭遇，更何况在生存线上挣扎的普通家庭呢？

考虑到已婚女性，尤其是全职太太的特殊性，随时保持经济独立的能力，可能要比保持绝对的经济独立要更加重要。因为不少全职太太是出于孕期、哺乳期或照顾家人等原因，面对平衡家庭和工作的纠结，不得不无奈从职场退守家庭。即便目前的经济状况尚能撑起小康甚至富庶的生活，也都须保持一份清醒的危机意识：

比如，即便不能全职工作，但可考虑兼职做自己擅长的事；

即便不能做自己专业所长，也可以通过社区活动、志愿者等保持与社会的连接；

即便实在无法离开家庭，也要随时保持学习和提升，为随时回到职场努力准备着。

这，才是不变的独立。

保持经济独立的能力，才能拥有维持尊严的体面。它让你可以慷慨爽朗，能够精神自由。无论你身边站着的人是富甲一方还是一无所有，你都有挺直脊梁的底气和资本。

精神独立，方能割断依赖男性的"文化脐带"

一切都有代价，独立也不例外。

每次进入"女性独立"话题的讨论，很容易看到这样的奚落：女人何苦懂这么多？女人太独立，男人不好把控……在这样饱含轻蔑的打击下，不够强大的心脏很容易滋生出压抑和逃避。似乎在充斥困难的人生道路上，女性是有退路或捷径可走的：女人不用让自己拼得那么累，干得好不如嫁得好；男生负责赚钱养家，女生负责貌美如花，便是最大的"幸福"了。

当下的现实是残酷的。对普通家庭而言，车贷、房贷、奶粉和学费，生活压力如此巨大，单靠男人独自养家，行吗？

有难度。

更加不好玩的是：如果方向正确努力得当，男性的赚钱能力大多会随时间和精力的投入成正比增长；而"年轻美貌"的女性资源，固然赏心悦目却难以持久，做再多护理也无法与岁月和地心引力分庭抗礼。一个事业、收入、社会价值在稳步增值，一个容貌、生理价值极速贬值，这样价值不对等的婚姻，怎能经得起岁月锤炼和时光蹉跎？

等价交换原则不仅适用于市场经济，同样也适用于两性关系。毕竟，异性吸引的核心是彼此具备对方所需要和欣赏的部分。在容貌姿色、生育价值等女性天然资源之外，保持并不断提升自己可持续的社会价值，才是独立的精神内核。

美国联邦最高法院的女性大法官鲁斯·巴德·金斯伯格（Ruth Bader Ginsburg）身材瘦小，但这并不妨碍她绽放出蓬勃的生命能量：敢于大骂当权的总统是"骗子"，敢于在面对不公时挑战既定司法规则。

而这样一位伟大女性的成长，离不开从小她母亲教育的两个"be"：

一是要"be a lady"（成为淑女），即不要让无谓的愤怒等负面情绪占据心灵；二是要"be independent"（保持独立），即便这一生有幸遇见白马王子，但无论婚内婚外都要呈现真实自我。

这两个"be"，便是精神独立之关键："成为淑女"是保持情绪上的独立，不顺遂的事情发生时不指责、不抱怨、不逃避，无须依赖情感或异性才能保有快乐和理性；而"保持独立"是针对情感世界，无论贫穷或富有，无论是否遇见佳偶，不因外在境遇的变迁而让心性高低起伏，保持对自我人格的肯定和自我价值的认同。

在当下的社会舆论里，女性的情绪化要么被描述成可爱的小女人，要么就被妖魔化为群体性的歇斯底里。不少经济相对独立的女性，在金钱观上相对超脱，对异性的要求主要在于提供情绪价值——开心时陪着我，不快乐时要哄我。蜜里调油的暧昧时刻，这样的情绪提供是相对容易的；但人生漫漫几十年，总指望别人为自己的情绪买单，换谁都非易事——即便亲密如爱人，他人也不是你的心理医生，没有义务每次都将你从不快乐的深渊拔出。

某部电视剧的女主角，说起疼惜她的新婚丈夫："这世上，没有谁是谁的靠山。他是个好人，又顾惜着我，这就很好了。不过，凡事最好也不要太指望人，大家都有各自的难处。实在要指望，也不能太多、太深。指望越多，难免会有些失望；失望一多就生怨怼，怨怼一生仇恨就起，这日子就难过了。"

独立不是完全不依赖人，而是拥有适度依赖的勇气，也同样拥有不依赖的能力。

生而为人，社会属性决定了我们需从分享中获得快乐和满足，但分享不等于彻底的依赖，而是在某些特定的时候，适度寻求他人的帮助。所谓独立，并非阻断与他人和世界的连接，而是懂得与周围人相互依赖，彼此成长且更加幸福。

当然，不能指望别人每时每刻都帮到你，世界上也没有免费的午餐。你所需要的"他助"，总会在不经意时展现惊人的命运价码。人生中大多数的困难，只能依靠自己挺过去。独立而勇敢地担负起自己的责任，是个体走向独立的最终途径：实际生活中，有着许许多多如金斯伯格一样温柔而坚定的勇敢女性，她们从焦躁不安的痛苦情绪中出走，从过去和未来的时间幻象中抽离，依靠自己的能力赢得一次次被倾听和尊重的机会，获得属于内在的强大安全感，成就了她们独立优雅、有胆有识、倔强而杰出的一生。

这便是精神的坚定不移与永垂不朽。

此刻，你——准备好了吗？

如果回答是"yes"，那么，请带上你的智慧，勇敢地踏上征途。

你要足够努力，也要张弛有度

从到广州读研究生算起，我已在广东度过人生近半数时光。一个原本无辣不欢的女子，从刚到广东思辣成疾，到后来碰到辣椒就上火。

身体，不，肠胃是个叛变的魔鬼。

这个魔鬼却总在各式汤汤水水前举手投降，尤其是妈妈煲的绿豆腊肉汤，两碗三碗都不一定打得住。因为爱喝汤，在家里我有一外号：汤桶。虽不善厨，但爱汤如我，也知真正的好汤虽看上去简单清淡，却从不辜负时间和食材，多是精细好料、精准火候慢熬的成果。

正如很多人的成功，看上去如行云流水，异常轻松，但其背后的付出亦是常人难以想象。不少名人接受采访，谈及成功原因多用"幸运"二字淡而化之。若这世上真有幸运，那也只是天分之外，"努力"的另一代名词。

真正的成功离开了努力，幸运之神再眷顾也不过昙花一现。

没有天赋的努力，真的毫无意义吗？

某"影后"曾在一档节目中因宣扬绝对的"天赋论"而被舆论集体讨伐。那么，天赋和努力，到底哪一个更重要呢？

事实上，不管哪个行业，顶尖的人永远是少数中的少数。大部分人因为环境、天赋、机遇等，只能成为芸芸众生。即便如此，每个人仍然有权利认为自己可以成为那个极少数，并在自己喜欢的领域全力以赴。因此，过于强调天赋或过于强调努力都不可取。要么找到你的天赋所在，然后辅以技能；要么找到你愿意付出努力的事情，用勤补拙，结局都不会太差。但若你喜欢一件事却缺乏相关的天赋，更不愿意为此付出努力，那就不要怪自己得不到命运的垂青了。

虽天赋很难有得选，但努力可以选。没有天赋没关系，即便不是浑然天成的璞玉，依旧可通过每一天每一事的努力，将自己打磨成巧夺天工的艺术作品。世俗意义上的功成名就，概率太小而影响因素太多，但当下的努力至少能给人安身立命之本，带来日日长、年年新的美好愿景；更重要的是，平凡的我们即便不能成为行业翘楚，尽最大努力成为最好的自己，何尝不是全力以赴后的不留遗憾。

> — EMPOWER WOMEN —
>
> 拥抱天赋、酷爱和技能，远离纠结、自责和攀比。
>
> 女性的力量

电影《夺冠》中，无论是故事主人公郎平还是饰演郎平的巩俐，几乎都在自己耕耘的领域做到了顶尖水平。郎平作为运动员，所付出的辛劳与血汗无法言喻，"别人都以为我一帆风顺，却不知道我练得有多苦"；而巩俐历经千辛万苦拍摄的《红高粱》遭遇粗野"恶评"，身为演员的光鲜背后同样充满细密而切肤的伤口。

然而，只有被现实和梦想猛烈拉扯过、在事业或生活中被极度否定过、在感情中经受过遍体鳞伤，才可能自艰难中爬起，对着下一次的风雨大喊：来吧，让暴风雨来得更加猛烈一些！

通过努力来获得外在的成功和自我的认可，不仅对于名人，对普通人也同样适用。我曾写下《没有睡过地板的工作不算爱过》这样的文章。这些年,从媒体企业到公益慈善,每份工作的地板我都睡过,每份工作也都让我见证了所在城市的二十四小时。

努力就跟爵士舞的基本功练习一样,从定点到走"V"字形,基本是明眼可见的练习,似乎能一蹴而就;但是到最后带着弧度的专业摆胯,却如同武术的内功,需要对神韵的体悟和一分一寸的练习才有可能达到。

就如同很多人挂在嘴边的"平平淡淡才是真",许多时候的平淡,背后仍然需要烦琐和艰辛撑起;一旦早早选择了看似舒适、遮风避雨的轻松小路,就难免在日复一日的平庸和琐碎中自我怀疑,唯独剩下艳羡他人辛勤付出后收到命运的馈赠和惊喜。

经典电影《肖申克的救赎》中,在主人公挖越狱通道重获自由的过程里,起决定作用的并非工具或胆量,而是耐心——二十年如一日的坚持才最珍贵。坚定不移的信念加上超乎常人的努力,才可能创造真正的、足以改变人生的不凡奇迹。

毕竟,能拯救普通人的除了偶尔的运气,最终能依靠的只有"勤能补拙"这条笃定夯实之路。

相信"捷径",无异于饮鸩止渴

在我参加的爵士舞练习班中,公认跳得最好的那个女孩,不敢说最具天赋，但一定最用功：课间休息她在练习，老师给每组的练习时间，即便不是她所在小组，她也在练习。一期学下来，她比别人多了好几倍练习时间，所以，她是老师心里当之无愧的"得意门生"。

由小事及大事，她的日常生活和工作，也一定不会差。努力一旦得到坚持，就会变成惯性，且不止于一事。

当努力到了一定程度，掌握了相关的技巧，便会看起来毫不费力。我有个看上去很懒却很成功的朋友。事实上，她的懒某种意义上也成就了她的聪明。

她说："我很懒，不喜欢走路。为了尽可能少走弯路，每天早上醒来后，我都会赖在床上，先将一天要走的路和要做的事在心里过一遍。有些可少走的路和可有可无的事直接删除，既避免了走弯路，也节约了精力和时间来做更重要的事。"

看上去她在偷懒，实则在为提高效率、获得精力与能量的最佳支配方式而进行计划和思考。于是年纪轻轻的她，创业三年就获得了数千万的融资，这是她深入思考自身和世界后，努力寻找并践行最合适的路径得到的成果。

世间并无真正的捷径。如果有，它也只会是正确的方向、合适的时机、充分的经验与教训、对规律精准的把握等一系列辛苦付出和熟能生巧后的轻描淡写。

好莱坞电影《猫鼠游戏》改编自真实故事：拥有常人无法企及的高智商的弗兰克，是一位只需要用功两周就能通过律师资格考试的天才少年。不幸的是，弗兰克的聪明才智却没用在正地方。他的父亲是位走捷径的高手，不断运用一些小伎俩找寻人性弱点，制造漏洞谋取高额利润，并以此教育儿子：捷径就是通途。

于是，成年后的弗兰克利用自己超乎常人的智商，走上了伪造支票骗取现金的歪路。他假冒飞行员、医生、律师等各种高端职业，借此乘坐头等舱、入住高级酒店，在全球各地开出数百万美元的空头支票。

因为太聪明，他一次一次得逞；因为没有正确的人生引导，他天赋满格却在捷径的陷阱中越陷越深；因为天网恢恢，他终没能逃出法律的惩罚。

幸好，命运之轮并未彻底碾压这个年轻人。他遇见了一位重要的人生导师，教会了他抵御诱惑的价值观，并给了他从头再来的机会，他因此逃离了虚张声势的捷径怪圈。牢狱之灾后，他不再利用天赋才华游走于法律边缘，而是将其用于寻找且弥补法律的缺陷和漏洞。虽做着繁重琐碎的工作，弗兰克却从此拥有值得尊重的社会地位和宝贵的自由之身。

从捷径中及时抽离的弗兰克是幸运的。毕竟，诱惑是惊人的：你似乎比别人更快、更早、更舒服地登向山顶，而后笑揽天下。然而，付出的代价也是惊人的：比如身陷囹圄、丧失尊严，甚至因此失去宝贵的生命。

做事时试图寻找更简洁的方法和更快速的途径，本无可厚非。问题的关键在于，若混淆了技巧和捷径，从而产生对奇技淫巧的迷恋，对原则、道德或法律之外的人和事产生不切实际的依赖，则会弄巧成拙。

曾有人说：相信这个世界上有捷径，一定是因为被生活羞辱得不够。年轻的时候总觉得这话有点过分，现在却觉得所言不虚。功利并无对错，但若被欲望驱使着走上捷径，可能开局越好，后来险象环生的陷阱就越多。有朋友，出身寒微，白手起家创立公司。初有成效时，机缘巧合遇见一位来历不明的投资人，大手一挥谈收购，开价惊人：数倍于公司实际价值。朋友窃喜，立马应诺。

不想合作不久，人已落入骗局——公司整个被架空，前路迷茫；等警方破门而入，为时已晚。这条捷径之路，他走得冤又不冤：其实他有多次抽身的机会，但总归被那诱人的高昂利润、动人的并购方案所迷惑，心甘情愿留下来沦为鱼肉。

明朝的高攀龙在《答刘念台》中说："弟观千古圣贤心法，只一'敬'字，捷径无獘。"也就是说，世间万种方法，只有逃避努力的所谓"捷径"是有百害而无一益的。

人类历史螺旋式的发展某种意义对此百般验证：那些常常自诩聪明的人们，往往被各种所谓捷径所蛊惑，机关算尽后终一事无成；而那些质朴却耕耘不止的人们，反倒更容易避开致命诱惑、摆脱摇摆不定而坚定地走到最后。

即便是穷途末路，也并不能阻挡许多人对捷径的飞蛾扑火。正因如此，对诱惑的抵御力强弱，成为个体成事与否的关键因素之一。

捷径的诱惑芳香甜蜜，却有高昂的机会成本。时间不断地重复证明，只有那些选择抵御短期诱惑的人，才可能收获更多的满足和更长的幸福。

由选择构成的人生，是我们每个人都逃不开的课题。我们可以选择看似笨拙费力的脚踏实地，也可以走上向诱惑投降的轻巧捷径。但请记住，命运给予的一切都已在暗中标好了价码。与其被残酷的生活羞辱后长些记性，不如磨炼意志修炼决心，早早接受并通过"诱惑"的考验。

你，经受得住考验吗？

努力的边界：松弛感是一种高级的人生品质

近年来，关于"过劳死"的报道屡见不鲜，世界卫生组织已经将"过劳"列入社会问题的黑名单。种种迹象表明：过劳死已成为名副其实的职业杀手。

是的，我们不可以不努力。但一味地努力向前跑，同样存在问题——因为努力本身也存在边界。

努力不等于透支自己的时间和精力，不等于一定要加班到爆肝或喝酒应酬到胃出血。很多时候，量力而行，把握住平衡的边界，是常识也是真理。那么，努力的边界到底在哪里？个人认为，有个幸福公式可作参考：

幸福＝能力（客观条件）－欲望（主观期望）

这个公式琢磨起来很有意思：一个人能力越强，欲望越低，他的幸福感就会越强烈；反过来说，一个太多野心的弱者，他的生活很容易痛苦不堪。与之相应的是，它也意味着如果想提高幸福感，第一种方式是提升自身能力，第二种方式是降低欲望。两者没有绝对的对错，关键需要在提升和降低之间，找到合适且舒服的平衡点。

三十岁之前，我是一个依靠顽强意志努力生活的人：大学时除了上课、睡觉之外，基本过着"馒头、白开水、图书馆"的简单三件套生活；工作的时候，假期停留最多的地方是办公室或办公室的地板。我以为拼命勤奋努力就可以达成一切，但有一天，才终于发现：即便用尽全力，很多事情也终会铩羽而归。

顺境之时，昂首阔步所向披靡；逆境之时，每立目标都有夜郎自大之嫌。好友开导道："你可能是一个背60斤就可轻轻松松上山的人，为了生计姑且可以背个 70 或者 80 斤。偶尔运气好，背个 100 斤也能咬牙切齿地撑上一段时间。"

但是，不要过分高估自己。毕竟，100 斤不是你的常量。

而我的那些年，一直都喜欢设定超高目标，挑战自我极限。虽偶有到达，但内耗严重。这也是为何每离开一份工作，都需要很长时间修整，才能重新进入下一个跑道，开始新的征程。这种漫长的修整，无疑也是过度努力带来的创伤。

努力并无错。我们需要努力奔往成功，也要在努力之后勇于承认可能会面临的失败。因为，即便特别努力，也未必会有绝对的成功在等待我们，因为成功要靠天时地利人和，三者无一不可。

因此，当下的我们，记得常常自问：我们所拥有的实力与目标之间的距离，通过努力是否达得到？如果现在的你年轻力壮有活力且还在为温饱而奔波，拼尽全力也值得一试；但是，当衣食住行逐渐安顿下来，而你依旧还将咬牙拼命当作一种习惯，这时，学习并体会"慢下来"的松弛感，反而变成更重要的一门功课。

很多时候，在世俗意义的解读中，努力意味着克服自己的弱点和短板、为战胜和超越他人而拥有的能力，以此掌握在人生丛林中活下去的本事。但是，所有丛林社会的技巧都在教我们如何突破极限、如何加速运转，却没有人教会我们如何放慢减速，甚至偶尔暂缓。就如同我们去商店买了一个电风扇，店员只教会我们如何打开它，却没有教我们应该如何停止和关闭。

近些年来，因为母亲生病住院，目睹了许多世间无奈。

肿瘤医院里从来不缺少病人，尤其是那些功成名就的病人。当熬夜加班、负重前行成了习惯，疾病便更容易找上门来。

隔壁 VIP 病房住了位阿姨，从她宽敞明亮的病房套间、全程不问价格的进口药、医生毕恭毕敬的态度，大可看出"此非凡人"。果然，上市公司的二把手，家庭事业一肩挑，日夜拼命跋涉。本以为明年光荣退休，家中豪宅名车在握，不想一场大病如山倒，令她后悔不迭。但，若真让她回到当初重新选择，轻按暂停键哪会那么容易？人生固然要在教训中成长，只不过这样的教训实在太大。何苦等到过度消耗、为时已晚的那一刻，才知偶尔暂停的必要性？

蛇吞象式的目标设定，在象棋世界里也许有理，但在现实世界里却非长久之计。在了解自己要什么的基础之上，选择一个兼顾满足和愉悦的现实目标，远比拼命三郎、罔顾身体与生活的宏大目标更加让人幸福；而且，在朝着目标前行的间隙，若社会环境和自我突破都存在局限时，偶尔学习安静地等待，同样也是与时间合作的完美方式。

什么是等待？

等待不是什么都不做，而是让时间为我们工作。

那一年，我去看世界七大奇迹之一的胡夫金字塔。重达几十吨的天然石头彼此之间严实密缝，除了古埃及高超的工匠技艺，还有人归因于神秘的外星人传说。

传说毕竟虚无实证，导游却给了关键答案：时间。

是的，时间会让两块原本无甚关联的石头紧密无缝浑然天成，让大自然的鬼斧神工得以成就造化，也会让原本无血脉亲缘的人结成生死同盟。当然，时间也会让许多我们曾无比在乎的人变得无足轻重，也会让当下宏大磅礴的事变得渺若沙尘。

既然如此，那就在看似晦暗的日子里，多给自己一些时间，韬光养晦地等待并相信：生活中真实甜蜜的小确幸一定会到来！

笃信你拥有"自由选择"的权利

身为女性，尤其是年轻的女性，在刚入职场或是刚进入某段两性关系之时，很容易受到某种程度的优待。但是，这份或明或暗的优待，容易让人陷入"性别优势"的幻象，从而贪图一劳永逸的快感。现代法国女作家波伏娃在其著作《第二性》中便说过："男人的极大幸运在于，他不论在成年还是在小时候，必须踏上一条极为艰苦的依靠自己的道路，不过这是一条最可靠的道路；女人的不幸则在于被几乎不可抗拒的诱惑包围着。她不被要求奋发向上，只被鼓励滑下去到达极乐。当她发觉自己被海市蜃楼愚弄时，已经为时太晚，她的力量在失败的冒险中已被耗尽。"

身陷海市蜃楼的一时之欢，埋下的祸根可能后患无穷。

世界是公平的，以什么方式得到，多会以相似的方式失去。面对命运的挑拨，女性想要活出最好人生的方式其实与男人无异，那便是踏上一条极为艰苦的依靠自己的道路。如此，你便拥有了"自由选择"的权利，可以对命运的各种选项进行好与坏、成本与收益的全面考量，更不必在意因理性选择的结果而受到惩罚或谴责。

女性一生中面临的选择众多，其中有关婚姻和生育的讨论则最为关键和激烈。

爱自己，和谁结婚都一样

很多女性的年龄焦虑，大多在三十岁上下。

原因不外乎，以生育标准来看，年过三十的女性似乎正在错过黄金年龄。社会以"大龄剩女"的有色眼镜、高龄产妇的风险来对女性施以巨大压力，几乎每一位成年女性都曾被社会鼓励或恐吓：成年后要做一个妻子、一位母亲，才能拥有完整的人生。

当然，你可以结婚。作为一个维护社会稳定前行的制度，婚姻提供了繁衍和养育等多重社会功能和井然有序的法律保障。一段能穿越岁月、经得起蹉跎的感情，是美好而炙热的，更是令人向往的；此外，美好的婚姻也能带来许多幸福，比如稳定的经济、可爱的子女以及支撑走过各种境遇的强大感情依托。

　　但凡事是有代价的，进入婚姻也需要我们投入个人时间和自由，以及大量的物质和精力。美好婚姻中所有的不离不弃，都意味着双方需要具备人性中那些发光的品格，譬如珍惜和包容；更需要用隐忍、体谅和牺牲来适应这种静水流深却也烦琐异常的烟火气。

　　婚姻给不少人带来稳定和幸福，但同时也须承认，不是每个人都适合婚姻，更不是每一位女性都能从妻子或者母亲的角色里获得快乐。就如钱钟书先生在《围城》中的经典描述：婚姻里面的人咬紧牙关闭口不谈，外面的人硬着头皮猛闯。大家都心照不宣地保守着这个看似公开的秘密，但也让越来越多的人（当然也包括男性）步上有可能并不完全适合她的道路。

　　当婚姻不再必须是完整人生的一部分，单身开始变得有了时光的魅力。现代社会中，越来越多女性获得工作自由和经济独立的权利，因此不再需要依附伴侣获取自在快活的生活。正如简·方达一次次地从看似名利双收的婚姻中逃离，最大的原因是："我要隐藏一部分的自我才能取悦他，为了让他爱我，我费尽心思。如果在两性关系之中，我永远无法做真实的自己，我就永远不能是完整的自己。"

　　很多女性进入婚姻的本意是为寻求风雨中的庇护，但不少婚姻却成了她们一生遭遇的最大风暴。

　　所以，当女性逐渐独立强大，凭自己的双手就能挣来想要的生活时；当女性地位的提升和人类社交方式的变革加速时；当女性不甘成为附属品和取悦者，当完整自我和个体独立开始受到重视时，女性在两性关系中的自主性思考便开始显现：

婚还是不婚？

昏还是不昏？

答案你知。

EMPOWER WOMEN

不管床的另一边躺着谁，你人生真正的伴侣是你自己，"爱自己"可以让你的幸福掌握在自己手中。

女性的 *声

苏格拉底曾幽默地说："无论如何都应该结婚：如果你找到一个好伴侣，你会很幸福；如果遇见糟糕的伴侣，你会成为哲学家。"

实际上，无论是幸福之人还是哲学家，无论是保持单身还是拥有稳定的亲密关系，都需我们付出极多的智慧和努力才可能达成。在很长时间里，女性进入婚恋体系被认为是天然的生存之需，不进入婚恋体系被认为是异类；随着现代文明的发展，越来越多女性把精神层面的契合与个体意愿的实现看得同等重要。

就我自己而言，第一次对年龄涌起巨大的焦虑是在三十出头。

那一年里，父亲过世、母亲生病，原生家庭的巨大变故，让我有了一种前所未有的、迫不及待想结婚的渴求。潜意识里似乎认为，组建一个属于我的新家庭，才可能化解眼前出现的重重困境。

事实上，并没有。

虽然爱情是高尚的，但婚姻还是偏功利的。你需要年龄匹配、经济支撑、门当户对，需要家庭和睦、左右逢源，甚至还需要去解决彼此原生家庭的心理投射。

当时间偷偷溜走，过了三十五岁，我反倒释然了：毕竟，婚姻并非一种成就。结婚、离婚或单身，都不过是不同的生活方式。在当下社会，在摆脱经济依附、强调男女同工同酬的社会背景下，对于追求独立的女性而言，能够让人进入婚姻的唯一理由不过是：彼此灵魂相吸、成长与共的情感相依和价值匹配。

如此，婚姻不再是生活的必需品，而是奢侈品：能够遇见彼此助益且相爱的灵魂伴侣，大幸；若不能得之，保持自身的独立和自洽也是美好。无论在何种状态里，你都应该走在一条虽然艰苦但却极可靠的自我增值之路上；无论在何种境遇下，你都该具备能让自己重新站立、永葆幸福的能力——这才是属于你自己最大的魅力。

李安是我喜欢的导演，从作品到本人，看看都心生欢喜。

但更令我欣赏的，是他的妻子林惠嘉。

在李安成名之前，一直是妻子养家。直到李安蛰伏七年后功成名就，有天他陪妻子去菜市场买菜。有人羡慕惠嘉：

"你命真好，先生这么有成就了还可以和你一起买菜。"

惠嘉一脸淡然：

"是我今天特意抽空陪他买菜的。"

初听此言分外诧异，直到翻开李安自传，读到惠嘉独自产子的画面：

"第二天我搭飞机赶到伊利诺，医院的人都高兴得鼓起掌来。原来半夜惠嘉独自进医院，医生问她要不要通知丈夫和亲友。她说不用了，院方还以为她是弃妇。她感觉羊水破了，自己开着快没油的汽车就到医院生孩子去。二儿子出生时她也赶我走，说你又不能帮忙，又不能生！"

读到这里，我便逐渐明白，李安的爱慕和惠嘉的淡定从何而来。作为一名知识女性，妻子的底气除了自身独立的经济能力，更重要的是那种从心而发的内在独立。正因如此，即便站在熠熠生辉的国际导演面前，你却不会否认：她，是一位与之匹配的、令人起敬的女子！

生育不是义务，而是权利

2008 年，以色列社会学家奥娜·多纳特（Orna Donath）开展了一项名为"是否后悔当妈妈"的社会调查，对母亲们提出了两个"冒天下之大不韪"的问题：

1.如果你带着现有的知识和经验回到过去，你还会选择做母亲吗？

2.从你个人的角度看，做母亲的收获大过损失吗？

如果两个回答都是否定，答案也就指向了——后悔。

多纳特收集了来自不同阶层，但都后悔成为母亲的二十三个女性样本，写成了《成为母亲的选择》（*Regretting Motherhood*）一书。据书中所示，不管什么样的经济条件、婚姻状态、家庭情况，女性都有可能后悔成为母亲。此时最好的情况是，社会上多了一个饱受身心折磨的母亲；而最差的情况，是整个家族包括孩子都在共同承受痛苦。

既然如此，生育权到底掌握在谁的手里？

多纳特认为：即便是 21 世纪的当下，生育于女性而言依旧不像是自由选择，而更接近一种"被动的决策"，来自公序良俗、社会习惯的鞭策和"一个女人要成为母亲才完整"论断的共同推动。

实话实说：生亦艰难，育亦艰难。

虽说爱孩子是母亲的天性，母爱的伟大天地可表，但也不得不承认：人类有着共性的基础，也存在差之毫厘，谬以千里的个体差异。背负母亲盔甲的女人，有人无比享受亲子关系的美好，也有人很难爱上自己的孩子；有人为无儿无女孤寡伶仃而痛苦，也有人为育儿丧失的自我而苦痛。

有些女性想成为母亲，有些女性更想做女强人，有些女性想探索世界，有些女性更想了解自己。无论每一位女性作出怎样的选择，她们都有对自己的选择作出个人评估的权利。

生育与否？

Yes or no ？

在人们面前铺开的路，不是一条通往天堂，而另一条就必然通往地狱。与其说两条路各有各的痛苦和快乐，不若说，在充分了解自己之后，人可以拥有选择任何一条路的自由和坚持走下去的能力。

立起来，走出去，迎接属于自己的时代

对我而言，第一次的独立是与内力的告别。成年后和父母及原生家庭种种的依赖告别，真正破除了对原生家庭依赖，对亲人内部助力、对其经济依附的幻想；真正意识到，父母已在最大程度上给予了我们这一生想要的礼物，不管是健康的肉体，还是他们能力范围内能给予的教育。从此开拔而走，靠着真正的自己立起来，走出去。

第二次的独立则是与外力的告别。在和内力告别后，我曾一度时间广交朋友，试图依靠亲朋好友的助力，进行所谓的资源整合，却发现所行所想与自己想去的目标相差甚远，甚至有些背离。至此，我才真正地破除了对外力、对男性、对权力的依赖幻象。这一生，大概率里最重要的依靠，除了自己，也只有自己。这两次告别无疑都是重

大的破壳。接下来，不管未来怎样，我人生之路的权杖真正握在了自己手里。

当然，在这重重艰难而痛苦的破壳过程中，人同样不能过分地迷恋人定胜天。而是在上天给予的有限的资源范围内，尽最大的能力做好自己。在感恩上天赐予的一切美好与挑战的同时，从容不迫地创造自己的价值，不卑不亢地迎接属于自己的时代！

最终，我们可以在任何环境中都不迷失自我，拥有积极向上的独立人格。这便是独立女性生命之花具备的动人力量！

2019 年，在《后院哲学诗剧》中短暂露脸后，因独特声线被广州作协主席庞贝老师关注。5 年
受庞贝老师邀请，出演由他的小说《独角兽》改编的同名话剧并饰演女主角顾濛。小说《独角
曾荣获《亚洲周刊》2019 年度全球十大中文小说。话剧《独角兽》于 2023 年 11 月获得第 27
BeSeTo（中韩日）戏剧节优秀展演剧目等多个重要奖项。剧中的"独角兽"不只是传说中的神
更象征市场经济中的独角兽企业。作品描述了企业伦理和道德情感的困境，提出了人类与人工智
发展的未来设想，在梦幻感的营造和写意性叙事中暗藏着对人类命运史诗性的深度隐喻。

06 / 第六章   FRUSTRATION

塑造强大的挫折免疫力

拥有理性、积极的心态，收获从容自在的自己

Frustration —— 挫折

真正的强大不是对抗，

而是允许发生。

允许遗憾，愚蠢，丑恶，虚伪，

允许付出没有回报。

当你允许这一切之后，

你会逐渐变成一个柔软放松舒展的人。

莫言 《晚熟的人》

儿时看过《悲惨世界》的漫画，被其人间地狱般的悲苦所震撼。但真正读懂它，却是成年之后的事儿。

穷苦人冉·阿让因家人饥饿难耐偷了一块面包，不得不在地狱般的监狱里服刑十九年。出狱前，冉·阿让的狱警预言道："不出一年，你将会再次回到这里。"

为什么呢？见过众多坏人的狱警认为：人一旦做过坏事，激发过内心恶的一面，就不可能再心存善念。

刚出狱的一段日子，因为身份问题，冉·阿让无法找到正常的工作，为了生活不得不偷鸡摸狗，直到遇见了自己的灵魂引路人——米里哀主教。在唯一愿意收留他的米里哀家过夜时，他又鬼使神差地偷了主教家唯一值钱的银烛台。令人意外的是，主教原谅了他。临行前，主教大人将银烛台送给冉·阿让："您要向我保证，未来一定要做一个诚实的人。我用它买下了您的灵魂。请将您的灵魂从邪恶的思想中赎出来，交给仁慈的上帝。"

这份原谅和感化，成为冉·阿让后来无数次心灵挣扎和灵魂救赎的起点。隐姓埋名创业成功的冉·阿让，一次次地背负着别人走出苦难。他相继救助了芳汀、珂赛特等很多与曾经的自己一样在危难中挣扎的人们，也一次次在难以想象的艰难中完成了自我的救赎。

曾经的囚犯，成了宁愿断送自己性命也要救助敌人的和蔼宽厚之人；逆难而行的决断，成就了其灵魂从恶人走向超脱凡尘的圣人。于是，冉·阿让成就了世界文学史上的经典《悲惨世界》，百年来为那些深陷黑暗囹圄的人们，点燃人性依稀美好的希望之光。

即使没有如此悲惨而复杂的经历，普通人也必然需要面对人生挫折：上学读书再聪明，也难免有考试不如意或名落孙山之时；学历再高，阅历再多，也不免有求职失利或遭遇贬罚的时候；再美丽或帅气，也难免有表白被拒或遭逢背叛的时刻……面对激烈多变的竞争社会，幼年少有挫折的孩子，成年后可能很难适应复杂的环境，因而深感痛苦。此结论并不适用于所有情境，但也说明了挫折与幸福之间存在着某种可能的正向关联：面对挫折的良好心态，某种程度上决定了人从挫折中崛起、重获幸福的能力。

当困惑、艰难甚至痛苦发生时，我们便需扪心自问：自己能像冉·阿让一样，面对人生挫折吗？

理性认知：避开三大思维陷阱

作为认知疗法的创始人，马丁·塞利格曼提出：人类容易通过思维驱动情感。也就是说，当外部事情发生后，人会第一时间进行评估和思考，而后唤起主观情感，最终引导行动。一旦大脑无法进行理性评估，就会导致不恰当的情感判断，让行动陷入困境。

生活中有许多常见的非理性评判导致非正向结果的例子：

◇ 爵士舞课堂上，四肢欠协调的我被老师点名批评同手同脚，当下就觉得自己太笨太蠢；

◇ 约心仪的男孩吃饭被拒绝，刹那间就觉得自己被世界抛弃，不能再爱；

◇ 大学奖学金面试失败，瞬间就觉得自己陷入一无是处的尴尬境地……

只因一次失败就全盘自我否定，陷入要么成功，要么彻底失败的非黑即白的逻辑，这会阻止我们全情投入人和事情中去。当我们逐渐恢复理性，其实可以清晰地看到事情的另一面：

◇ 爵士舞的生疏让我看到自己身体还有不少未曾开发的地方，从而加强锻炼以增强身体的灵活和美感；

◇ 暗恋对象的拒绝可能是这段情感并不合适的重要提醒，他的决定帮我节约了昂贵的情感试错成本；

◇ 面试的那个学校可能经费不足，而自己可能很快就会收到更好的 offer……

一旦恢复了理性认知，人就很难掉入负面情绪的深渊，因为那些负面情绪多来自对客观事实的扭曲。积极地剥开事实真相，找到并避开三大思维陷阱，这才是恢复理性和正能量的关键所在。

思维陷阱一：放大或夸大发生的问题。

经常听人说，若不想犯同样的错误，就必须从错误中吸取教训。吸取教训当然重要，但若陷入自我责备无法自拔，带来的不是成长，而是深深的受挫和无力感。与其夸大错误，不如换一种思路，相信世间不生不用之人、不长无名之草，在错误中找到新的生机和活力。

比如上面的三个例子中，爵士舞课堂上的几次不协调表现并不代表自己根本不适合舞蹈，也许只是缺少练习，再不济也可以转到隔壁芭蕾班去尝试新舞种；失恋并不代表全世界都抛弃了我，不如想：嘿嘿，现在世界上的男孩与我都有可能性了；一所大学的拒绝也不代表我的能力不足，而我也许反而有了理由去尝试新的学校甚至全新的领域。

一旦开启思维的更大边界，世界将从此与众不同。

思维陷阱二：夸大对立面，忽视整体或主旨。

心理学的"隧道视野效应"是指：当一人身处隧道，他看到的只是前后非常狭窄的视野。也就是说，当人们的视野受限时，就无法看到事情的全貌，而被其中的局部甚至片段所影响。积极的人会努力而明智地探索全貌，因而会适时放弃蝇头小利，期许获得更大利益；但对消极者而言，则很容易进入隧道效应：事情的成功部分被忽略，细枝末节的不足却成为阻碍进展的关键因素。

比如拍了一张很好的照片，但却纠结于头发细丝浮在左脸颊的微小细节而不甚满意；又比如在演讲中获得很多掌声，但又始终懊恼有一句话说错了，因而郁郁寡欢。

不仅是平凡人，曾国藩也曾因狭隘和误判而无地自容过。第一次带湘军大战太平军，因情报不实和过于自信等原因，他所率领的小支部队在靖港战役失败。羞愧难当之下，曾国藩竟两次跳河自杀，幸而被侍从救起。不久，部下传来捷报：奉他之命部署在湘潭的主力湘军，大败敌军获得全胜。曾国藩喜极而泣，为自己差点因一时失误和小小挫折而误判全局，懊恼不已。

生而为人，我们当然会因瑕疵或失误而不安。但与其只关注片面或局部从而让自己越来越消极，不如突破"管中窥豹"的局限，拓宽狭窄视野，更全面地思考问题以兼得浩瀚森林，终成为行而有效、处变不惊的积极行动者。

思维陷阱三：虚构或捏造事实。

对于不想面对的结果，逃避现实的人容易无中生有，捏造事实或归咎他人。

一方面，将他人的成功归咎于运气。自己考试不如同学的成绩好，是因为对方走狗屎运"蒙"对了题，所以勉强胜出，但从来不会去想，可能人家花了更多的时间和精力来复习备考，努力和天赋的共同加持让他走向了成功。

另一方面，不愿自己承担后果，将自己的失败归咎于他人。一个月胖十斤，是因为妈妈做菜太丰盛，而非自己的"吃货"本性和运动量缺乏所致。"闭上嘴"和"迈开腿"的控制权是自己，体重当然控制在自己手中。只有不归咎于他人，才有可能从逃避中走出来，承担起现实的后果。

事实上，无论是夸大、缩小还是捏造，都是我们不想面对真相的一种逃避，有时的确能达到某种安抚的效果。面对敌人时，鸵鸟将头埋进沙里那一刻，的确和外在恐惧保持了距离，但后果是让它更大限度地暴露了自己，从而陷入更深的危险之中。

直面现实中的问题和挑战，不过于责怪别人，也不过于高估自己，客观理性地评估现状，会让我们更好地处理问题：不管境遇再糟，只要处理得当，未来同样可期。

算不算挫折，在于你如何选择

即便事实已经发生，我们依然可以用不同的方式来诠释。正如叔本华所言：太多人把自己视野的极限，当作这个世界的极限。只有尽可能打开视野，才能看到世界更多的面相。

世间万物都不会只有一面。

正如喜剧的内核是悲剧，悲剧的内里也潜藏着喜剧。同样，无论我们经历或遭遇多大的失败，它其实还有诸多面相。我们所拥有的一切及他人对我们的看法，跟生活本质并没有直接的关联——真正重要的是，我们选择对自我遭遇做何种诠释，选择从中领悟什么。当人们观察到这一点，也许会生出许多安慰与自如。

在英国和法国生活的那几年，每打喷嚏，身边不论是熟人还是陌生人，都会习惯性地对我说一句："祝福你（bless you）！"

好奇之下，便开始询问这份祝福的来源。答案其实不难找：十四世纪那场带走欧洲近半人口的大瘟疫——黑死病，远超几次世界大战的死亡人数。这道鼠疫杆菌带来的历史伤痕，永远都无法从人类历史上抹去。

黑死病的确造成了社会混乱及反犹太主义等一系列负面影响，但在更长远的历史长河中，它却直接引发了欧洲某种结构性进化，以及一系列深刻的社会变革。

首先，它直接动摇了教会的绝对权威。当瘟疫肆虐，大量神父染病死亡，还有许多神职人员不肯履行职责，反而争先恐后地逃命，甚至利用人们的恐惧贩卖所谓"圣物"牟利。在愤怒中，"瘟疫是上帝对罪人进行惩罚"的基本信念被质疑、动摇甚至推翻，从而引发了神权向君权转移的欧洲宗教改革。

其次，面对死亡，人类理性终于摆脱了神学的束缚，为文艺复兴开辟了道路。因为失去宗教庇护的作用，人们逐渐将目光从对天国的期许转向对现世的关注，倡导自由和解放的人文主义开始盛行；人口的大量死亡使财富更加集中，文艺复兴的萌芽开始滋长。

最后，它使欧洲被迫重建了全新的人口和经济体系，为现代化进程创造了合适的环境，更使技术和创新成为推动社会经济发展的重要动力。比如人口锐减使欧洲经济的发展被迫减少对劳动力的依赖，走上了发明创新和技术进步之路，为后来数次工业革命的萌发打下了坚实的基础。

古话有云，福祸相依。在历史类似的关键节点重新回望，每一场灾难在历史行进不久的将来，都有可能带来核裂变式的发展。历史不容假设，以疾病为代表的一系列挫折将一直伴随人类的前行步伐；所以，当与它们不期而遇，唯有勇敢地接受挑战，顺应时机调整思维和认知，才能在历史的挑战中走得更快、更远；而对于个体而言，疾病的苦难包裹之下也一定有礼物：逐渐理解健康身体和积极情绪的关联，调节好心情，照顾好饮食，更好地处理人际关系；同时，一旦病愈获得免疫，我们的身体也会拥有更强的防御能力。

对于生活中的种种经历，不同的认知同样导致不同的应对方式，从而决定我们是积极的幸福践行者，还是消极的痛苦堕落者。

我的高中生涯，也是一个普通中国孩子炼狱般的备考历程：每天凌晨五点起床，睡眼惺忪中洗漱完毕跑步赶往学校参加六点的早自习；晚上十点半下晚自习后，回家吃了晚饭接着复习到凌晨一两点。即便如此，生活还是告诉我：很多事情不是努力就会有结果。高考成绩出来了，我与想去的学校失之交臂，收到录取通知书时懊恼不已的样子至今还历历在目。然而，年轻的我没意识到：命运之神的安排，自有其眷顾的美意。

事隔多年重新回看，正因学校位于市郊一隅，我度过了人生最宁静且充实的四年：

> 那些馒头配白水、在图书馆的阳光沐浴下如饥似渴读书的日子，回想起来温情而暖心；因为竞争压力相对小，几乎每年都能拿一等奖学金，各种比赛拿头名；学校安静且景色宜人，我常常一人徜徉在湖光山色之中，流连忘返；那些年认识的很多老师和同学，成为我一生的莫逆之交……

现在回想起来，那便是过往人生中清爽且自得的灿烂时光：一切都刚刚好的、充满了希望和生机的世界正在我面前徐徐展开。

除去金色年华的愉悦，成长过程中也会与某些生命节点狭路相逢：旧世界突然崩塌，新世界看不到方向。当亲情、友情、爱情灰飞烟灭的刹那，战栗于心灵废墟之上的我，一个人痛苦、害怕、孤单、呼喊……却四顾无人。

终于，我一个人走了过来。

再回首，那其实也是人生转折的关键点：只有经过那些崩溃，我才能决绝地和那些不公正的诉求、不友好的情感与不喜欢的工作割席；只有经过绝对的不公和众人的背叛，才能明白公平的美好和爱之真谛。

时间是最好的疗愈师。不仅如此，时间还让我们反省，并有能力以全新的视角、积极的思维直面陈疾，并从根源上采取行动并加以改变。至此，世界才能焕然一新。

当然，世界从未因我们而改变，改变的是我们个体自身的视角和思维。毕竟，面对同一个世界，不同的诠释，就会有不同的结果。

探索人生多面性，做积极的幸福践行者

曾有心理学家试图找到幸福的真谛，于是向人群中最幸福的那一部分人取经。结果他们发现：这些人经历的痛苦，并不比其他人少。他们之所以能从不幸中抽身而出，是因为对比那些沉溺于不幸的消极者，他们采取了更乐观的积极方式来面对沮丧和挫折，从而比消极者恢复得更快。

心理学认为，在认知重建、加强、创造现实上，消极者和积极者会迎来两种截然不同的世界。消极者即使面对米其林三星大餐，也会因摆盘不够完美而闷闷不乐；即使陷入浓情蜜意的恋爱，消极者也会因为漏听一个语气词而惴惴不安。当习惯于在鸡蛋里挑骨头，估计连天堂的完美本身也会被认为是充满遗憾的缺陷。

为什么？

因为他们相信：现实不受自己的想法支配，周遭世界充满了不完美。这时，世界便如他们所想，朝着糟糕的方向去构建。无论找什么工作，总会遇到糟糕的老板；无论和什么人搭档，对方都表现得自私

自利；无论去什么饭店，饮食或服务总不能尽如人意。自己的负面情绪创造了不完美的现实，如此，一个恶性循环便诞生了。

而积极者则完全相反。即使食不果腹，他们依然能嗅出空气中的一丝清香；即便乌云密布，他们依旧能寻到云缝中的一丝光亮。作为积极者的典范，爱迪生就能在失败千次终于找到合适的灯丝材料时说："事实上，我不是失败了一千多次，而是成功地发现了一千多种材料是不行的。"

当我们理解了消极者和积极者不同的思维模式，便能明白：为何不少看起来名利双收的人却深陷痛苦，而那些经历过多次困境打磨的人们，却从未停止为生活欢欣鼓舞。现实生活中，面对许多不被人左右的无常，我们都不过是坐在人生跷跷板上的人：积极在这头，消极在那头。没有人能永远处于某一个极端，每个人都在这一刻的积极和下一刻可能的消极之间来回游移。重要的是，一旦身陷其中，我们要尽可能选择积极的心态对事或人加以评判并努力践行，从而实现自我幸福的预言。

创伤后成长：让自己拥有复原的力量

人类是脆弱的。在地球上生存，种种天灾人祸随时有可能发生并给人带来创伤。当远超心理承受能力的创伤性事件发生后，有些人会产生一种有害而持续的心理反应，即创伤后应激障碍（PTSD）；但有人则恰恰相反，严酷的经历反而激发了他们有益且持久的反应，即创伤后成长（PTG）。

哈佛大学心理学教授塔尔·班夏哈（Tal Benshahar）认为，当人类面临挫折、困难、创伤时，PTG发生的概率是PTSD的两倍。也就是说，看起来脆弱的人类，却更容易激发出积极的力量；面对挫折，与其被动接受命运摆布，不如在经历过程中扮演积极的角色：及时触发我们的"反脆弱"系统，努力自我修复，从而在挫折和创伤中成长。

第一步：坦诚面对痛苦的发生

人非冷漠机器，而是血肉之躯。适当表达并拥抱痛苦，准许自己有正常人的喜怒哀乐，这是生而为人的基本情绪表现。

班夏哈认为，只有两种人不会经历负面的情绪。一种是精神病患者，因为他们的情绪表达已经超出了正常人的范畴；第二种是死人，因为死人没有了表达的生理机能。所以，站在另一个角度，经历痛苦的情绪也是幸运的：既说明你不是精神病患者，更说明你还活着。

但是，允许自己表达情绪，不是放任自己沉溺或回避情感，不是强颜欢笑或整日哭啼，而是指积极地接受——接受负面情绪，承认当下的困境，以便适时寻找适合自己的行动方案。

第二步：寻找适合自己的"恢复机制"并努力练习

"创伤后成长"和"创伤后应激障碍"两种心理系统的重大不同在于：后者会使人一直处在负面情绪中，得不到充分的表达和合理的休息；而前者在适度表达的同时，也允许自己在过渡期适当地放松和休息，从而完成自己生理和心理的恢复。

莫言的小说《丰乳肥臀》，描述了年轻女孩乔其莎的惨痛命运。在饥荒年代，为了活下去，她用宝贵的贞操换取豆饼饱腹，但意外也由此发生。第二天，人们发现饿过头的她因食用了过多的豆饼，导致胃部膨胀而死。

这样的人间悲剧有其历史和人性的教训，同时也是"创伤后应激障碍"的形象比喻。

我们知道，经历极度饥饿后，是不能疯狂进补的。因为肠胃已适应了长期饥饿的状态，突然大量进食让其工作量加剧，使肠胃无法充分休息，容易对胃黏膜造成严重损伤，严重的就会如乔其莎一般，导致胃被撑破，突然离世。这种情况下，最好的方式是慢慢地从流食开始，等到肠胃系统逐渐适应后，再逐日递增饭量和品种。这样既能保证营养的吸收，也能让身体逐渐恢复健康和强壮。

不仅身体如此，心理亦然。若创伤日益加重负荷，心理容易逐渐从脆弱变得易碎。而正如"没有杀死我们的，会让我们变得更强大"，给自己一个心理恢复期，人就能拥有足够的力量来抵抗脆弱。

至于心理的恢复方式，每个人因时因地，可能有所不同。以下的建议可以给大家提供基础参考。

1.**日常恢复**。比如在工作或学习的间隙，每一到两小时休息 15 分钟，不管是喝咖啡还是散步，总之去做点让自己感觉轻松愉快的事；又或因工作、学习的特殊性，很难保证短暂休息，那么哪怕 10 次左右的深呼吸或懒腰伸展，对身心重获愉悦也是好的。

2.**适当运动**。想要心理恢复，身体是重要基础。我常能感受到身体这座神殿给予的启示：如果处于饥饿或疼痛等不舒服的状态里，是很难心情愉悦的。现在的运动方式多种多样，即使不能跑步、爬山、打球，也可以通过网络上提供的间歇训练等运动方式，释放血清素和多巴胺。适当运动不仅能使身体更强壮，还会增强我们的心理韧性，对焦虑和抑郁都有很好的疗愈作用。

3.**好好睡觉**。睡眠的意义在当下常常被忽略，尤其对不少自称"社畜"的年轻人而言，白天的时间被繁重的工作和无谓的应酬填满，晚上时间终于是自己的了，便无论如何都舍不得睡觉：刷手机，玩电脑，看电视……难以停歇。

但我们常常体会到，如果睡眠充足，第二天头脑就会清醒；如果睡眠缺乏甚至通宵熬夜，隔天大脑的反应就会变得迟钝。因为睡眠的意义极其重大：睡觉时，大脑的脑脊液会运走白天工作、思考等所产生的废物；倘若经常休息不好，脑脊液长时间没能将排泄物运走，就有可能产生不可逆转的问题。不少优秀运动员在总结经验时，常说秘诀之一是每天睡够12小时以上，便是这个道理。

事实上，不管是12小时还是8小时，我们都要尽量找到适合自己的生物钟，保证合理的睡眠时间；即便睡不着，哪怕闭眼冥想放松，也好过在电子产品或灯红酒绿中度过本属于大脑的宝贵休息时间。

4. 每周固定的休息日和每年固定的休假日。疯狂的"996"工作制，曾让不少企业赚得盆满钵满，同时也因导致大量心理和生理疾病，而饱受社会舆论诟病。休息和吃饭、睡眠一样，是人的本能需求。

曾在罗马小住，适逢旅游旺季，一些热门店铺却在此时选择关门大吉。习惯了内卷的我，很难理解这样的闭店；但熟知当地情况的友人告诉我，这是意大利文化的常态。因为，假期对于意大利人而言是雷打不动的生活组成部分：不仅是自主经营的小商铺如此，大公司里的员工每年也有至少一个月的法定假期，让人们在繁重的工作之余好好享受生活的愉悦。而后，带着饱满能量回归工作，高效而开心地生活。

以上提到的所谓放松模式，其实都是日常生活中最寻常不过的事情，但在繁杂的生活中真正能轻松自如地做到，却是极其不易的。正如有人去问禅师：修行的最高境界是什么？禅师一脸平静地回答：饥来吃饭，困来眠。

感到饥饿的时候好好吃饭，觉得困乏的时候好好睡觉。这些看似最简单的事，却隐藏了人一生最大的福气：大多数人吃饭时有种种思量，便不能好好吃饭；睡觉时有千般妄想，便不能好好睡觉。要从压力状态下抽离，要从挫折的创伤中修复并得以成长并强壮，将身体和心理适当地调整为放松模式，是过渡的核心。

EMPOWER WOMEN

无须对行为习惯推翻重建，只是适当优化和增加一些微小的复原技巧，便会让我们在身心疲惫或遭遇挫折后更快恢复到最佳状态。

女性的

第三步：让自己在爱的花园中散步

当挫折发生、痛苦来临，依靠精神卫生专业人士固然重要，但求助于我们信任并能够施以关心的家人、朋友和同事同样关键。正所谓"喜忧有分享，共度日月长"，来自他人的关心和爱，能帮助我们抵御人生的风雨。

年轻时，有段时间因为工作的缘故，如果不是有意拒绝，平均每天都可安排两顿以上的饭局。但是，这让我感到无比疲惫和空虚。觥筹交错的场合里认识的人，泛泛而谈、阿谀奉承，散场后索然无味。微信好友的人数与日俱增，但时间和精力的大量消耗只让人生表面热闹，此外无所裨益。

为什么会这样呢？

因为在人际关系中，我们的体验也在分裂：当关系从情感性转向功能性，我们需要自己对别人有"用"，也需要别人对自己有"用"，甚至恋爱、婚姻中也是如此。我们不敢追求真实的体验，害怕被利用或被看作异类。当人被简化为一个扁平的功能性符号，我们感受到了越来越少的联结，以及越来越强烈的孤独。

那段繁盛的时光中，不少人都以为我从不缺少朋友陪伴。但热闹的表象背后，是每次情绪崩溃时，翻遍手机却连一个说真心话的人都没有；朋友越多越孤单，生活越热闹越寂寥，人与人的联结在这种功利化的浅层关系中越发薄弱，经不起推敲。

有多少人拥有看似能量满满、热闹非凡的人生，实则空虚无助。还有比这更悲哀的事情吗？作为社会性动物，社交是天性的一部分。

然而，大而广的交友模式不仅耗费精力，还会让关系浮于表面，难以收获深入的、可能产生的灵魂碰撞。与其为获得存在感而与他人建立联结，不如寻找小而深的人际圈，以抵御孤独，分享幸福。

1. **所谓朋友，在精不在多**。美国心理学家马丁·塞利格曼研究发现，幸福的人多数都非常擅长与人相处。也就是说，他们拥有能带来快乐、分享忧患的朋友。

那么，在你的内心深处，是否很想拥有一个随时可以打扰的人？当你受到苦痛、经历磨难、心情低落时，那个人能默默倾听你所有心事。即使他不能成为你的精神解药、为你指出迷途返程之路，但却用时间、耐心和陪伴让你随时拥有可以依赖的温暖。

很多时候，与其说我们缺少爱，不如说我们缺少理解或陪伴。世间朋友不在多，若得互相理解的一二知己，一生足以。

2. **建立强有力的支持圈**。人际关系的重要性，在具有心理学基底的动画电影《头脑特工队》（*Inside Out*）中，得以充分展现。小女孩莱莉的大脑总部由几座岛屿组成：和好朋友交流的友谊岛；和家人相互依偎的家庭岛；由儿时的冰球奖杯构成的荣誉岛；由暗恋的男孩和音乐组成的趣味岛；由美食、热门文化、华服等组成的时尚岛等。各种兴趣爱好和人际关系，共同构成了莱莉的幸福人生。

而当这些岛屿逐渐坍塌之时，也是她异常痛苦的时刻：和好朋友闹翻；离家出走；冰球比赛失利……直到她选择重建这些岛屿：回归家庭拥抱父母，和好朋友握手言和，再次拿起冰球杆走向赛场……此刻，她的人生才重新恢复活力。

任何物体，只有一个支点都是远远不够的，人类的生活也是如此。要真正构建稳固的生活世界，我们需要维持生计的职业、保持兴趣的爱好，在亲情和爱情的眷顾之外，友情的温暖也是人类情感的重要支撑。

多种情感的支持，不仅让我们的人生更加丰富，彼此陪伴成长和发展，更重要的是，当其中一种情感出现问题时，我们的世界不至于全然崩塌。我们所依赖的，正是我们所成全的。这何尝不是人生一大快慰？

所以，想要拥有健康的身心，除了远离那些让你不快的人或事，更需在充满善意的爱心花园中散步：这份亲情与友情的陪伴能让我们悲伤减半，幸福加倍。虽然当下电子产品构建的虚拟世界具有极强的诱惑力，但它们无法替代与家人和朋友面对面互动带来的身心愉悦：一个拥抱、一个微笑，还有一段触手可及的温暖；尤其是在挫折和艰难的时候，它们也许会成为那道照进裂痕的光——疗愈你，照亮你。

练习臣服，永远活在当下

活在世间，常有林林总总不能顺遂。每当有事发生，心情躁动到不能入眠时，有颗"情绪安眠药"对我来说百试不爽，便是在心中默念数遍：一切都是最好的发生。

接受"一切都是最好的发生"，并非认命，并非什么都不做，而是放下情感上的抗拒、愤怒以及批判，通过理性的逻辑推理，从现象看到本质；全然接受已发生的当下，从安静中升起更深的觉察，以有效的行动帮助自己尽力挣脱泥潭，从而继续丰富多彩地活着。

我是一个爱看喜剧，偶尔看悲剧，几乎不看恐怖片的人——我真的太害怕了。唯一一次看恐怖片，还是大学时全班同学去农家乐，晚上在郊区的客栈里捂着厚厚的被子，挤在一群哄笑逗闷的同学们中，眯缝眼睛喘着粗气，强撑着看完了披头散发的贞子。

大学毕业后第一次去日本旅行，东京迪士尼的古塔惊魂门口，即便排了很久队，打了很多气，临门一脚我依然想退缩。同行朋友异常坚决：别怕，我在。再怕，可笑。

好吧，上！

现在的科技真是太逼真，几十米高的鬼面巨人张开血盆大口，惊叫间又有赛车直朝胸口撞过来……我几乎全程闭眼，偶尔在一片鬼哭狼嚎中眯眼偷看，余光瞥见身侧安静的人：眼睛微睁，淡定自若。

好容易熬了出来，我问朋友：看上去如此逼真的刺激与恐怖，你是怎么做到如此淡定的？

朋友的回答颇具禅意：那一刻，想象自己是一团稀烂的泥巴。恐惧来了，全身放松，让害怕触碰你，让恐惧穿过你。千万不要与它们对抗，放弃挣扎，彻底臣服。

不停告诉自己，我就是一团无足轻重的泥，一团没有重量的云，一摊没有形体的水……然后，你会慢慢地接纳那个恐惧。慢慢地，它不再对你构成威胁，只会留下好奇：好奇地观察它，静静地欣赏它。

那时，你不再被恐惧所吓。

而你，变成了恐惧的主人。

埃克哈特·托利（Eckhart Tolle）在其畅销作品《当下的力量》（*The Power of Now*）中说：如果你发现生活情境令你不满意或无法忍耐，只有通过臣服，才能打破充斥在生活中的无意识抗拒。他所说的臣服，不是消极地向现实低头，而是无条件、无保留地接受当下时刻。

我与一位哲学家相识多年，这些年来，看他性情怡然自在，几乎不太上火；偶尔动怒，也是微风一过，飞絮轻落，怎不令人生起羡慕和好奇。于是问他：“您一直都是这样的吗？”

“不。我大概从十来岁起，就一直被严重的抑郁所困扰，很多时候，尤其是深夜，都有想死的冲动。”

“啊？完全看不出来！怎么克服的？”

哲学家说，他之前想尽各种办法，试图对抗：学哲学，读佛经，练打坐，看喜剧，去旅行，谈恋爱……都未能如愿。直到三十六岁那年某日，他深夜出差在外。颠颠簸簸的绿皮火车，空气中弥漫着泡面味、鸡蛋香以及人群混杂的恶臭，他躺在狭窄卧铺里，想吐却吐不出来，情绪极差。晕晕乎乎的瞬间，感觉有双手掐住了他的脖子，几乎不能呼吸。他试图挣扎，完全无能为力。

"在那个几乎窒息的瞬间，我突然生出了一个念头——好吧，我不怕你了。你来吧，我不抵抗了。你带走我吧，我全然接受。"

EMPOWER WOMEN

> 哪怕生活困难重重，当下也永远是我们学习和成长的最佳时机。

女性的

但奇怪的事情发生了。哲学家说，当那个念头产生后，那双钳住他喉咙的手突然松开，瞬间神清气爽。似乎也是从那个瞬间开始，他再也没有感受过抑郁。

当突发事件来临时，不少人会采取各种方式试图解决问题。如果带着抗拒、抱怨的心态，要么境遇会越来越糟糕，要么即便表面解决了问题，却会留下不少严重的后遗症。接受现状泥潭，才是改变处境、用理性和经验来解决当下问题的客观第一步。

生活是层模糊不清的壳，包裹着工作的困扰、婚姻的负担、孩子的学业、疾病的痛苦、婚外情的纠缠等一地鸡毛。如果人一直处于焦虑的控制之下，将难以远离内心的痛苦。唯一的解决之道，是将过去和未来当成单纯的时间概念，永远活在当下，臣服于当下。

这世界不缺拿着一手好牌却打得稀巴烂的傻孩子，也不缺拿着一手烂牌却打出王炸的豪杰。臣服不是顺从于命运，而是无论命运给什么样的牌，我都照单全收，而后一一尽力打好！

通过对无常人生的臣服，我们才能从急功近利到无欲则刚，从睚眦必报到有容乃大；才能找到获得平和与宁静的入口，获得拥抱自我的真实力量。当我们意识到每个当下其实都清净圆满、幸福具足之时，无论风雨交加还是疫情席卷，我们都能从心而动、翩翩起舞！

杀不死我们的，终将让我们更强大

面对相似的挫折境遇时，第一种人可能将其看作灾难。他们经历过痛，但痛过就忘了，忘记每一次挫折都是反省并成长的机会。第二种人可能将其当成修行，他们从苦痛中寻找挫折的意义和教训的价值，分析并发现其规律以避免痛苦再次来临。而对第三种人而言，灾难是又一次检验真理的机会。他们通过理性的逻辑推理，通过现象看到本质，继续平和且精彩地活着。

第三种人的处理方式是从容且让人向往的。他们创造了使艰难情境变得更有意义的叙事方式，更好面对挫折的同时也让自己的内心更为强大。

挫折中不仅有苦痛，也饱含同理与温情

在一档综艺节目中，有嘉宾认为，缺爱的人，需要很多很多的爱才能填满。主持人立马反驳道："你错了。心里有很多苦的人，一点点甜就可以填满。"

的确有人因为自己淋过雨，就要扯碎别人的伞，但也有许多人因此学会为自己和他人撑起大伞，对爱升起全然的认知和全新的体验：面对相似艰难境遇下的人们，更有同理心；更能设身处地地理解和把握人们的情感和情绪；更能对他人进行换位思考、倾听觉知并表达尊重。

常读汪曾祺老先生的《人间有味是清欢》，仅是书名的轻巧七字，已让人回味无穷。午间静谧时分随手翻开，满目的人间烟火气，欣喜动人；无数个难以入眠的深夜，爬起来读上两页，如同清酒入喉芳香弥漫，而后便能甜甜地满足睡去。

直到有天读到他的遭遇，才知道我爱的"蜜罐儿"式文字，不是酝酿自鲜花的丰盈，而是结痂于白杨的苦涩。那些冒着热气的惬意背后，藏着他冷雨飘零的波折一生，在遍历坎坷、饱

受荣辱冷暖之后，汪先生的笔下却不见半点儿沧桑；对比那个时代呼天抢地的悲凉，他文字里却有被小小火花激起的希望，清雅而闲适的幸福：

"应该承认苦瓜是一道菜，谁也不能把苦从五味中开除出去。一个人口味最好杂一点，耳音要好一些，能多听懂几种方言。口味单调一点，耳音差一点，也不要紧，最要紧的是对生活的兴趣要广一点。"

是的，正是那些在黑暗中压抑的、每时每刻潜伏的悲痛，反而滋生出更强烈的对美、对诗意生活的热情。这也是为何即便他已然故去多年，那些字里行间的温情却依然能绽放烟彩、安抚人间：

"人间已经有了太多苦，我想给人们送去一点小小的温暖。"

太圆满和稳定的人生，不一定是真切的祝福，也可能是甜蜜的诅咒：没在爱中被抛弃过的人，很难体谅半夜三更隔壁传来的失声痛哭；没经历过身无分文睡地板的人，很难明白贫穷的滋味和珍惜的可贵；没有受过白眼和凌辱的人，很难真正体悟生命奋起的动力和昂扬的决心；没有被社会和人性狠狠蹂躏过的人生，更缺乏对时代动荡和人心磨损的深度理解。

困难是礼物，圆满是局限。去尽力突破可能的局限，去收获多一

些生活的礼物吧！在丰盈之中，人们才会收获更多对责任的真实领悟
和对生命的真正热爱！

没有经历过"全力以赴"，何谈圆满人生

美国纪实文学《乡下人的悲歌》（*Hillbilly Elegy*）描写了底层美
国人的生活。尽管经济萧条，但美国阿巴拉契亚山区的白人们并非因
为找不到工作而没有活路，而是因为不愿意工作，所以并不找工作。
在坚信"世界亏欠了自己，且永不能改变厄运"的信念里，这些贫苦
的人们执着地沉沦在地狱般的生活中不自拔。

虽然出生贫穷或遭遇破产是人生难题，但它并非问题的根本。问
题的根本在于，在艰难中的人们不再相信自己可以改变什么，贫穷带
来的致命后果是对自身的放弃、对生命的否定和对向上意志的摧毁。
当生命的精气神消失殆尽，这种无望导致心理上的沉重负担，会让艰
难的命运在一代又一代人身上复制。

但出生在乡下贫困家庭的穷小子万斯，并没有像周围的人那样沉
沦在地狱般的生活中不肯自拔，而是于逆境中永不屈服、全力以赴，
并以此践行一生。在书中，他写道：

"全力以赴"是一个在健康课或体育课上时常能听到的经
典口号。当我第一次跑完4.8千米后，在终点线的尽头有一位

看起来非常吓人的高级教官在那里等我，他对我处在中流水平的 25 分钟成绩表示不满。

"如果你还没呕吐的话，就说明你懒！别再那么懒了！"然后他就命令我在他和一棵树之间来回地冲刺跑。直到我觉得自己马上就要昏过去的时候，他才终于发慈悲让我停下来。我当时恶心得不行，上气已经快接不上下气了。"这才是你每次跑步结束后应该有的感觉！"他对我大吼道。

从海军陆战队军营里走出来的万斯，已经 22 岁。这时的他，已不再是那个颓废愤懑的苦命孩子，而是一个真正脱胎换骨、"全力以赴"拼命奔跑的人。只有真正奔跑起来，我们才能明白努力和突破的内核和意义；只有真正全力以赴，你才能明白超越苦难的真相和从容面对挫折的伟大。

为自己负起责任，才能活出自由的力量

一个缺衣少食、无家可归的人，如果得到能保障基本生活的钱，就会感到快乐。然而，在基本生活满足后，快乐与否不再取决于物质生活，而更多取决于我们如何认知现实。也就是说，我们如何将自己的生活变成天堂或者地狱。

我曾经有一段"被迫"自己带饭上班的经历。又笨又想偷懒的我，不愿在吃上花心思，能带的饭不过是五谷杂粮一顿狂煮。每天打开饭盒，惨不忍睹，味如嚼蜡。刚开始还忍着，日子一久，只要打开饭盒心里就会默默地骂脏话。

有一天晚上，远在故乡的母亲跟我打电话，问到饭吃得怎么样，我又忍不住抱怨。母亲说："你抱怨什么呢？午餐是你自己准备的。你总是嫌难吃，怎么不动点心思做点不一样的，比如煎个饺子、蒸个包子甚至叫个外卖，怎样也比你现在龇牙咧嘴地吃饭好受。毕竟，你的午餐盒为自己享用的，没人比你更了解自己的胃口。想要改变饮食，还得靠你自己。"

不只是午餐，我们面临的大多数现状，其实多是自己创造的。进行理性评估，改变我们的认知方式和行动模式，才能最终改变现实。

因为，抱怨食物却不换菜单，解决不了午餐的口味问题；不停地换赛道，解决不了不善长跑的现实；每天换床单，解决不了失眠的问题；不停换情感伴侣，更解决不了不懂得经营感情的问题。唯有真正意识到我们不仅是自己午餐的提供者，还是自己的生活、工作、情感等所有生命因素的最终享用者时，我们才会停止无意义的抱怨，用心为自己准备午餐、挑选工作、改变工作方式和生活态度。

改变思维，转换行动，是一切的关键。

当从自己编织的受害者故事中抽离，放下自己创造的怨天尤人的受害者身份，为自己的情绪和生命真正负起责任，才有可能活出自由的力量。

在挫折面前，放下对他人的指责或依赖

人生旅途中，各种阻力和压力必不可少，最内核的部分也许不是如何面对他人，而是如何面对自己的不满或者愤恨的情绪——为什么做坏事的是他，受罪的却是我？

人在挫折中，最大的问题便是受困于此：要么低落，要么寻找"替罪羔羊"。

庄子在《山木》里，讲过一则空船的寓言：一人正乘船渡河，一只船正正地撞过来。这人喊了好几声没人应，于是暴跳如雷大骂对面开船的人不长眼。哪想那竟是一只空船，刚才怒发冲冠的人，火气一下消失得无影无踪。

生气与不生气，取决撞来的船上有没有人！

有时候，你生气仅仅是因为对方"竟然是这样的人"，而非那个人对你造成什么样的伤害。所以，无论你的挫折是来自人祸还是天灾，一旦认定责任在他，必然会造成争执或不客观的判断；当感觉对面船上并没有一个自私自利且不明事理的人，人们反倒会放下情绪，安定接纳事情的发生并为问题的处理负起责任。

除了放下指责抱怨，同样要放下的还有对他人的过度依赖。

世间的苦难多不相通。别人身处之难，我可能很难感同身受；而我以为的苦，别人不见得能懂。如身边的朋友多以为我养尊处优而啧啧羡慕：你是没有吃过苦的有福之人。但我却以为：十岁离开父母，寄人篱下无处可依是苦；少年时代大病缠身靠苦药支撑多年是苦；爱恋执着和人生理想并不顺遂是苦。

然而，这些苦，比起他们眼中的柴米油盐、求而不得的物质之苦，根本就不算什么。

EMPOWER WOMEN

> 悲喜自渡的孤独里，始终要记得为自己浇水除虫、拂去尘埃与伤痛、保持敬畏和期待，让自己在任何境遇中都是一棵不断生长的向阳树！

女性的

既然人类的悲喜很难相通，你又怎能期待他人给予你最需要的安抚？所以，不管他人或外在情境激起我们怎样的情绪，都不要抱怨别人为何如此，环境为何如此，先问自己内在为何有如此的反应。当我们不再当苦难是阻碍，而是力量的源头时，生命便向我们打开了全新的一面。

电影《少年派的奇幻漂流》（*The Making of Life of Pi*）中，象征"困难"的老虎离开后，少年说：我很想念它。

是的，困境不是艰难的阻碍。当翻山越岭历经坎坷终于跨越了它，蓦然回首时我们会发现，在苦难的炙热煎熬之内，蕴藏着高歌猛进的巨大生命能量，源源不断地推动我们攀登、前行。

挫折的终极目的：认清自己，最终回归自己

南非前总统曼德拉的历史功过暂且不表，我很敬佩的一点是，一个人能够在狱中度过二十七年，出来后没有变得铁石心肠，而依旧怀着原谅和包容的心对待曾经的压制者和敌人。对此，他回答说：

> 实际上，在监狱中度过人生中最美好的一部分时光，是一件特别好的事情。虽然看起来很讽刺，但也有其好处。人一生最困难的任务是改变自己，当我在监狱中时，我才被迫安静下来。在监狱里，你有机会坐下思考，思考如何改变自己，接纳别人；看到对敌人愤怒背后的无意义，以及对自我全然接纳背后的美好。

有位好友，年轻时就已财富卓越、成就非凡，三十八岁那年，突逢一场大病。他被迫全面停顿下来，重新选择自己的人生：在事业的高峰期停步，请职业经理人来打理自己的公司，花更多的时间陪伴之前疏于爱护的家人，探索国学和茶艺等兴趣爱好。在工作和赚钱之外，

他终在挫折面前觉醒，开始了探索自己生命深度和宽度的灵魂之旅。

某种意义上，他是幸运的。当年那场生死之劫对他而言，更是一场与生命本源相遇的天雷地火。如果他照旧依循原本的人生轨迹，即便位列财富榜头名，悲哀和遗憾也是不可避免的代价；但他在人生的中途拐弯，选择探索内在的自己，做那些曾经特别想做却未及去做的事情，从心而发的幸福才能真正来临。

不难不足以道人生。

当面对残酷而艰难的命运时，在坦然地臣服之余，更重要的是，秉持真理之道勇敢地活下去。当很多人在提倡成功、鼓吹强者之时，在艰难困苦的挫折弱境中依然坚守初心，同样也是一种骨骼坚挺、自得自爱的人生之美！

事实上，绝对意义上的完美是不存在的。即便要走向相对的完美，也并非一条从 a 点到 b 点的直线，大多要经历并接纳一个看似波折的螺旋式上升；而在挫折中保持稳定和奋进的人，才能够在绝境之中探索出一条涅槃重生的隐秘通道，也才能在顺势而为的自然之行中，收获最从容自在的自己。

终有一日，人生所有的困境和苦难，都将幻化为一湾清泉，那轮高空悬挂的莹莹华月得以在掌间荡漾；从挫折的淤泥而出，我们动人的力量也会如花香熏满衣裳，散发出沁人心脾的芳香。

07 / 第七章　　BEAUTY

美，不被任何人定义

拒 绝 容 貌 焦 虑 ， 只 做 洒 脱 的 灵 魂

Beauty —— 美貌

你看，

我不打算以容貌取悦你了。

也没有需要被你怜悯的部分。

我爱我身体里块块锈斑，

胜过爱你。

余秀华 《月光落在左手上》

幸福常令人神往，美亦如是。

不由自主地，人易将美与幸福画等号。可惜，若对美的理解只停留在表层，得到的并不一定是快乐倍增，而是与日俱长的容貌焦虑；与幸福期待渐行渐远的，是愈演愈烈的身材愧疚和越发被物化的女性本体。

为何如此呢？

因为对美的片面理解，很容易导致被错误追求和恶意利用的后果。张爱玲的小说《沉香炉》中，年轻的女学生薇龙终被姑妈利用，与花花公子乔琪步入一段匪夷所思的婚姻，成为姑母和丈夫虚荣荒靡生活的棋子。依凭美貌和青春，薇龙貌似已获得五光十色的生活，但在她失去利用价值后便易被无情抛弃。在哀其不幸之时，张爱玲无情揭穿的不过是两性关系的本色和生命的真相：

来自普通阶层的漂亮女子想仅靠美貌闯荡江湖，幸运的话能在青春时期换点儿好处。然而，这好处并无扎实的根基；若无足够的智慧和定力来把控，它们也易烟消云散。

我们为什么要追求被误导的美丽标准？

每到一座新的城市游览，首选之地肯定是博物馆和美术馆。在各种已分门别类梳理清晰的藏品中，人们可快速查看这座城市的历史脉络和发展轨迹。

旅行到了欧洲，有趣的发现是：无论伦敦的大英博物馆抑或巴黎的卢浮宫，在近代的欧洲裸体画作中，画中人往往以女性为主；而画家、收藏者则通常是男性。其实，不只是西方，东方亦如是。对此，英国艺术评论家约翰·伯格(John Berger)在其代表作《观看之道》(*Ways of Seeing*)中说："这种不平等的关系，深深根植于文化之中，以构成众多女性的心理状况；她们以男性对待她们的方式来对待自己，她们依照男性的审视来塑造自己的女性气质。因此，理想的观赏者通常是男人，而女性形象是用来讨好男人的。"

当这份审美心理衍射到当下，画布变成摄像镜头，画廊里的看客变成屏幕前的观众时，尖下巴、大眼睛、双眼皮以及厚山根这些受主流审美追捧的"网红脸"，进一步推动了女性整容行业的发展。比如，美国圣地亚哥·霍根（Santiago Horgan）博士在 2015 年 5 月发表的文章《减肥手术中的性别差异》（*Gender disparities exist for bariatric surgery*）中声称：即便肥胖人群中的男女比例非常接近，目前接受减重手术的女性占比仍超过七成甚至更多，而越来越多体重未超标的女孩仅仅为了好看而去切胃。

除去女性个人的心态，近年来流行文化和时尚审美对女性身材的苛刻要求也需承担一定的责任。然而，瘦就真的好吗？女性的美，为何要如此复制？讨好大众的审美真的比身体健康还重要吗？

更矛盾的是，即便现代人能从尖下巴、刀子脸中获得美感，但人们将镜头倒回到二十世纪八九十年代的真实自然之美，或回溯到民国的温润柔和之美，又都忍不住啧啧称赞。

美的标准，究竟是由谁决定呢？

容貌焦虑，谁输谁赢？

王尔德说过："世界上所有事情都与性有关，除了性本身。性与权力有关。作为女性最大特征之一的美貌更是如此。美貌不只关乎肉身，更关乎男性与女性的权力交锋。"

内奥米·沃尔夫（Naomi Wolf）在《美貌的神话》中探讨了"对美的追求"如何成为压迫女性的工具。她认为，对美追求的极端神化内嵌于对每一个女性的审视中，且美的标准被无限抬高。以"女性爱美为天性"之名，对"不美"女性的轻视和打压成为常态，致使女性易陷入自轻自贬的境地。对此，沃尔夫认为：对美貌的过于神化和追求，是男权社会对女性结构性压迫的工具。

如今中国的致美"行业"不断繁荣——除去整容，为了变美，你需要化妆、健身、买衣服、抗衰老。客户的焦虑是商家的食粮，产值巨大的"美丽"行业也在不遗余力地制造更多的焦虑。殊不知，美貌不过皮一层，它同权力、金钱等看似美好的东西相似，多是一把双刃剑。

在加小码服装、反手摸肚脐、怀孕七月有蜂腰等各种流行文化树立起的美丽样本面前，普通女性常觉得自己浑身缺点；更加极端的是，即便怀孕或生病等生理调整引发的身材自然改变，也要为此感到抱歉甚至蒙受羞辱。于是，有女性在脱口秀比赛中以掷地有声的幽默质疑类似"锁骨放硬币"这样的身材挑战："我的锁骨上为什么要放硬币，是有什么好处吗？我们又不是许愿池里的王八。"

哈哈，事实上，我去罗马参观时，为了保护景观，连许愿池都不被允许丢硬币了，但更多比硬币更硬的规则仍然在不停打压着女性容貌和内在自信。所谓"完美皮相"是一个永恒不变的虚假命题，这是一场没有终点，而又必然落败的战役。

但不幸的是，美貌神话正当化了对女性的外貌要求。由于生理结构及传统文化的演化，男性处于占有并分配社会大多数资源的位置。因此，一方面，为了取悦男性，女性不得不消耗数倍于男性的金钱和精力以维持外貌并获得吸引力，同时变得更加顺从，倾向于更加低龄化的心智，甚至放下一部分尊严来获得男性的权威指引以走出踯躅；另一方面，美的主观性使得权力另一端的男性拥有任意裁量权，刺激了广告业、化妆品、整容手术等行业发展的同时，也让女性之间很容易成为潜在竞争对手而非亲密无间的朋友。

相比之下，世界对男性就明显宽容很多。在两性关系中，即便美丽优秀的女孩也常有自卑，因为她们总能感到那无形量尺下自身的不完美和"不努力"；而再普通的男性也可能有爆棚的自信。比如对于婚后生活稳定造成的中年发福，放在女明星身上很大可能被报道是"日子悲催不自律"，放在男明星身上大概率却是"生活幸福爱家庭"。

在这样的扭曲规则下，即便是职业女性，也很难成为赢家：外表姣好的女性要加倍证明自己是靠实力而非外表来获得职位；而不美丽的女性也在被贬低容貌自尊后，挣扎着寻求职业稳定和自我价值的建立。

即便是位高权重的一国之相也难逃此劫：桑娜·马林（Sanna Marin）年仅三十四岁，就成为芬兰历史上最年轻的总理，但依然有部分男人对她的评价还停留在外貌甚至权色交易的无忌猜测上。又如身为商界领袖的 D 女士，被一个模仿博主质疑容貌丑、眼神凶狠、说话咆哮，博主却一字不提这位商界翘楚创造了多少就业机会和社会价值。更令人困顿的是，对女企业家贬斥相加的博主本人也是一位女性。

这便是"美丽"模板的副作用：一方面，大多女性因很难企及美丽的标准模板，而陷入自我仇恨和自我羞愧之中；另一方面，连女性之间的同盟关系都会因此被打碎，每个女性都可能会被同性视作美貌竞技场的竞争对手，而相互恶意批评，彼此孤立。

正如宋庆龄所言："我们不但应当反对男子压迫女子的举动，我们并且应当反对女子压迫女子的举动。我们假使一方面反对男子的压迫，另一方面某些女性又凭借特殊的地位欺凌我们同类的女性。这种矛盾的举动，只会使女性的地位更加堕落。因此，女性要求首先要以平等对待同类，打破贫富贵贱的阶级界限。"

比男性物化女性更可怕的，是女性的自我物化

"物化"一词源于匈牙利哲学家卢卡奇（Lukács）的《历史与阶级意识》（*History and Class Consciousness*），书中他提出"资本主义带来了物化"，其逻辑为：资本使人变成了可以量化的商品，工人和产品甚至人与人的关系，都变成了可以被衡量的"物"。

慢慢地，心理学也延伸出了"物化女性"的概念。物化的方式诸如：恋爱中的女人试图认同并取悦自己的男人，不断围绕他去塑造自己的世界，听他喜欢的音乐，说他喜欢听的话，穿他喜欢的服饰。而与之对比的是，自己作为人之个体的欲望和快感，很少在考虑的范围之内。

如心理学家布伦特·罗伯茨（Brent Roberts）所说，"物化女性"多是通过女性的"自我物化"来实现，目的是调整自己以满足他人和社会的期待，获得更好的爱人、婚姻或工作——即便种种调整都让自己非常不适。

当下社会，对女性成功的主要评价标准至少有两个：第一是好的婚姻，即被成功男性选择；第二是个人事业上的成功。二者缺一不可，两者兼备才能归属为女性成功的典范。这也是为何人们谈起单身或离异的女强人，隐隐总有一些惋惜不平；而只有嫁得好且干得好的女性，才会被社会广为推崇。

比男性物化女性更可怕的，是女性的自我物化。之所以可怕，是因为美本不是用来交换的。如果以取悦他人为目的，女性将很难从被供养、被控制的地位走出。正如波伏娃所说：

> 女性的打扮是没错的，除了想引发他人的嫉妒。更重要的是，她想通过被人嫉妒、羡慕或赞赏，获得对她的美以及衍生而至对她自己的绝对肯定。她为了实现自己而展示自己。打扮不仅仅是修饰，它还表明了女人的社会处境。

只有当工作和独立成为女性生活的重心时，姣好容貌才会成为画龙点睛的盔甲和武器，成为人生战场上的一封有效的推荐信和一面高昂的旗帜。此刻，精心装扮后的美貌才会成为人生的加分项。

以有品位的打扮增加对自己的信心，增加外在的客观评价，以此获得更多的机会来提升自己的眼界机遇。

这，才是美貌的最佳使用之道：在追求美的过程中，逐渐从对他人肯定的依赖，走向自我舒适的融洽。

消费社会，你能否做自己的主人？

除了皮相审美的单一化，人们对于美的定义逐渐唯市场价格是瞻。有价、高价甚至定制的才被认为是美，比如令人咋舌的奢侈品、空大宽广的豪庭院；而那些从平凡中诞生之物，如安静的书法作品、精细的手工艺品，其审美格调和传承却在日益坍塌。

不可否认，金钱消费有显而易见的益处：可即时满足人的物质诉求，从而带来物欲被满足后的些许快感；此外正如芮塔·菲尔斯基（Rita Felski）在《现代性的性别》（*The Gender of Modernity*）中提到，"女性通过消费行为来进行自我塑造和建构时，也会带来女性意识的觉醒与巩固"，女性在消费中重塑自信和自我，一定程度上对安抚内心有积极意义。

然而，凡事过犹不及。

当消费从基本需要的满足上升到相互攀比时，当不少人家中哪怕快递堆积成山、未及拆封，也阻止不了高昂的"剁手"情绪时，令人感兴趣的已不是物品本身，而是按下购买键的那一刻消费高潮带来的快感。消费行为本身带来的快乐，已超过享受购买物的实际使用价值，随之而来的便不是自我的塑造和觉醒，而是完全失去理性的"为消费而消费"的物欲。至此，人沦为了欲望的奴隶，在焦虑地追求不必要的物质时，更为自己无法实现更高昂的消费而痛苦不堪。

近几年，直播购物的热度一直高涨。这一领域曾经的领军人物——某带货女王，同样也深受其害。日复一日连轴转的工作，使她几乎没时间陪伴正在成长的女儿。某次采访中，她被主持人问道："你觉得家里有三十个纸箱和三个纸箱，生活会有很大的区别吗？"

她愣了一下，回答道："起码购买的过程中是快乐的。"

"那你对这样过于丰沛的购物方式和物质世界有困惑吗？"

她停顿了很久，同样陷入无力回答的艰难。

我自身也经历过两次消费的低谷。第一次长达数月之久，因为周遭突逢巨变，陷入不知何去何从的困境。精神的消沉，使当时的自己失去了生活乐趣，除去生活必需用品的采买，基本不逛街不购物；而经历第二段低谷，则是多年后对欲望的沉淀与反思：看到满坑满谷的衣服、满柜满屉的书，发现自己所拥有的远超过实际所需的。

于是，我用消费的停顿来证明：与其从冲动消费获得短暂的快感，不如调整回有真实需求的购物；与其为了拼命挣钱做不喜欢的工作，不如节约精力、省下钱做自己喜欢的事。现实世界的人们，精神成长的路径实则相通：不因外界的嘈杂而忽略自己的内心，让每次消费都来源于客观需要而非主观冲动，不但金钱和时间的收支会获得更充分的平衡，人也会逐渐从被金钱奴役的角色中解脱出来，成为金钱和时间的真正主人。

当欲望逐渐被简化，内心的丰盈才会缓缓降临。

比皮囊更美的，是你为梦想打拼的经历

总有人认为拥有美丽外壳就能拥有全世界。但是，这句话本身就是脱离实际的谎言！

我从小就喜欢一切透明的器皿。因为透明，便可充分观赏茶叶在滚烫开水中徐徐绽出黄、红、青等灿烂色泽；喜欢苹果、樱桃、杧果在透明盘中释放的斑斓诱惑；喜欢冒着热气的米粒、香煎小鱼、油焖青菜满满当当挤在水晶碗里，勾出垂涎欲滴的食欲。

但玻璃是易碎的。每次买透明的碗，我会一模一样买一双；水晶果盘，一样两对；玻璃茶杯，同套六件。不是奢侈，是害怕失去。于是，在经济能力承受范围内，我会给自己足够的后盾——即便碎裂也不要留下永久失去的遗憾。

不只是玻璃，世间美丽的多是脆弱的：再优雅的绸缎，三天不换、一周不洗、一季不穿，就开始面目不清；再奢华的院子，半月不打理、

半年不住人、几年不换新，就有了衰败的痕迹；再姣好的容颜，烈日暴晒、通宵熬夜、不细心护理，便很易呈现枯萎的模样。

脆弱的美不仅短暂，有时还会变成"牢笼"。纪伯伦说：美，就是你一见到它，就甘愿为它献身，甘愿不索取回报。

"颜值即正义"，在心理学上被称为"晕轮效应"，它其实是一种不太理性的认知。你会因为个体的部分优点倾向于美化其整体，比如看到长得美的人，会不自禁地认为对方有其他优秀的品质，比如温柔、善良等。也就是说，一个人拥有较好的颜值，确实会让旁人产生良好的评价。然而，享受美貌红利之后，又是否能承担起红利的责任和代价呢？

实际上，若仅仅因青春容貌等外在因素受人青睐，而无足够的智识或实力与之匹配，高峰跌回低谷可能不过是一瞬间。干掉一个人最狠的方式，不是杀，而是"捧杀"。标榜仅靠美貌就能换来一切幸福，便是恶意捧杀的一种。套用有人评说女人撒娇的话：

　　出来混总是要还的。不要以为靠美貌混来了一些好处，就可以一直混到别人说你命好。玛丽莲·梦露美貌，获得的好处不过有更多戏可拍而已，但是好命吗？不好命。陆小曼美貌，但是好命吗？获得了一点好处，也不好命。

　　女人对自恃美貌的同性，怀着深切的仇恨；男人对你"以色事人"而没有"以色事我",也怀着深切的仇恨。与其如此,不如好好地做好你该做的事儿,不要让别人认为你在使用美色作为竞争手段。

曾参加过一个饭局,席边坐了位二十出头的漂亮女孩。她在一家大企业做自由客服,华服靓车工作量少。我暗暗羡慕之余默默感叹:自己这些年的工作,就没有不需要加班的。无论是媒体还是企业,甚至做公益,多是加班至夜、周末难休的节奏。即便如此努力,多年以后,还是会被不熟悉的人问起:"这张脸帮了大忙吧?"

他们的问题不算太新颖或别致。换作年轻时候,我要么涨红了脸否认,要么青紫着脸沉默。青春又冲动,美丽且脆弱的日子里,诱惑稍微大些,不免就有想入非非的时候,幸运的是,自己的职业注定风雨兼程,也见多了足以自保的例证。身边的确有人顺势而为,将美貌变为成功路上的踏脚石;但更多人不小心翻了船,为此搭上光阴甚至半条性命。

在诱惑面前,我也曾纠结过,但很快不再为此困扰:我没有隐忍包容的气度,更没有伏低做小的姿态。骨子里冲天的傲气,憋不住三两分钟,便原形毕露、撒欢儿似的跑出来。野马还需要草原呢,更何况年轻时的我,哪里会认为自己,仅仅是一匹野马?

命运好坏的评判来自一生的平衡,而不是来自年轻时候靠皮相获得的一点点东西。试图依仗留不住的青春，会褪色的美貌，无须太多辛勤付出就得来的礼物，终究也会随时间的流逝和年龄红利的退去而消失殆尽。

年轻时候的美，是皮囊；经过岁月的风霜洗礼后依然美丽动人，却是教育、经历和风骨构成的风景。如张曼玉般，见过高山流水后不愿再做空无一物的青春瓷瓶。她说："为什么非要年轻，非要没有皱纹才是美呢？虚伪的美丽不是一切，它甚至很浪费人生。美要加上滋味，加上开心，加上粗糙但强大的力量，才是人生的美满。"

正因如此，不断靠近外在美的标准，永远无法帮女性解决内心焦虑。在反思社会文化对女性审美构造的同时，更重要的是自己独一无二、不能被别人随意拿走的能力和内在美，拼尽全力走到自在的彼岸。

作为对人性，尤其对两性关系解剖得体的惊艳佳作，张爱玲的小说《连环套》中女主角霓喜凭借美貌的生存资本，走过三段只有婚姻之实，却无夫妻之名的情感："从生物学家的观点看来，赛姆生太太曾经结婚多次；可是从律师的观点看来，她始终未曾出嫁。"

拥有过美貌但却一路下行的霓喜之人生，实则有迹可循的：童年的屈辱辛酸和学识教养的缺失，使她成为自恃有男人宠爱就肆意妄为的轻浮女子。于是，诱人美貌和生育能力成为她仅有的依仗。一旦释放过情欲期的激情，那些本就逢场作戏的男人们便将她当作一块用旧的抹布，毫不留情地抛弃到社会底层。在年老色衰之时，一厢情愿的霓喜以为又有男人看上了她。不想，这个男人却是来向自己十三岁的女儿提亲，那一刻，"霓喜知道她是老了。她扶着沙发站起身来，僵硬的膝盖骨咔嚓一响，她里面仿佛有点什么东西，就这样破碎了"。

霓喜的生命力是旺盛的，她向上的渴求也是强烈的。但令人唏嘘不已的是，她为什么会成为输了又输的女子呢？最大的原因不若是：

尽管拥有惊人的美貌，也曾凭借美貌到达过富足，但她却并未因此而去抓住机会，积极掌握生活的主动权，而是一再放任自己对男性的依赖，任凭自己在温柔乡中摇尾乞怜。当他人情欲恩赐下的海市蜃楼破碎消失，霓喜真正碎掉的何止是骨头，更是她一生引以为傲的生存资本——依靠女性的性优势来换取男性的给予。随青春容颜不可避免地逝去，其生命之状便如同浮萍柳絮流于江河，漂泊无定每况愈下。

对比《连环套》中的霓喜式的过去时女性；当下的时代里，出现了越来越多逐渐崛起、一路凯歌的现代女性。

她们独立优雅、有胆有识、倔强而杰出：即便身为女性，依然能从一种更宏大的视角去拓展内在的"小我"，也能够依靠自己的能力被倾听和尊重，更能在自己的专业领域坚定不移、成就不朽。

愿亲爱的你在命运之门刚刚开启时，珍惜时光和天赋才华，不停修习自己的内在与品格，用一生获得真正属于自己的独特与荣耀——而它们，将永不褪色。

接纳美的多元性，接纳独特的自己

曹植的《洛神赋》中，"秾纤得衷，修短合度"的女子之美一直作为中国传统审美而备受推崇。对照之下，曾被称为"最丑名模"的吕燕，的确不符合此标准；甚至在某些国人眼里，她的小眼睛、塌鼻梁、厚嘴唇、小雀斑，似乎集齐了所有曾被大家认为"丑"的元素。

但就是这样一位"丑女"，却以无可复制的自信征服了世界。她被西方摄影师奉为"缪斯女神"，代言爱马仕等顶级奢侈品牌。在西方人眼中，吕燕是来自东方的"半天使和半魔鬼"——既像天使那样笑得灿烂纯净，也像魔鬼那般又酷又充满野性。然而，无论被如何评价，吕燕对自己都有非常清晰的认知："我从没觉得自己漂亮，但也不觉得自己丑。现在还有人问我有没想过去整容，或去掉雀斑，我从不考虑。你觉得我好看，就多看两眼，不好看就别看呗。"

不只东方女性，西方人也有类似的困扰。意大利著名女装品牌

Brandy Melville 宣称"只为瘦和极瘦尺寸的女生提供服装",于是,"BM
女孩"的身高体重便成为当下年轻人审美的重要标准。这种对身材过
度的追求,在《破碎的镜子》(*The Broken Mirror*)中被凯瑟琳·菲利
普斯(Katharine Phillips)描述为"躯体变形障碍":"影视和杂志等
媒体充斥的完美形象,时刻提醒着人们忽视对健康的正常关注,而过
分聚焦在微不足道的身体缺陷之上。"

菲利普斯并不是唯一的发声者,美国社会学家黛布拉·L. 吉姆
林(Debra L. Gimlin)同样指出:"社会文化对女性身体的单向度强调,
让女性在美丽的意识形态压力面前,试图达到不可企及的美的标准。"

这份不可企及的皮相审美,不仅制约了女性,更加制约了美的视
野。美本身具有多元性,又或者说,正是多样性才构成了美的根本。

曾有张姓演员在接受采访时说,整容是她做过最后悔的事。当年
之所以去整容,原因有二:一是她在饰演史上一位著名美女时,被网
络暴力炮轰其丑而不配;二是当时的男友嫌弃她不好看。她为取悦莫
名的舆论和虚无的爱情而整容,结果却是,当年的她本是清水出芙蓉
而别具风姿,因而能获得出演古典美女的机会,倒是后来整容效果之
差,使她整整三年没有戏约,演艺生涯几乎停滞。

目前的社会框架下,不少非常优秀、才华出众的女性要想证明自
己,可能依然要比男性花更多的时间和力量。在自卑和肯定的纠结和
分裂中,请不要放弃,更不要害怕。那些所谓的黑痣、皱纹、雀斑等

小小的身体缺陷，可能正是圆满我们人生宇宙的美丽星图。没有皱纹的脸，是没被岁月打磨的木雕，虽簇新却缺失了时光的金轮；没有雀斑和黑痣的脸，就像没有星星的夜晚，怎么会迷人呢？

天地有大美，世间无不美；发现美的慧眼和欣赏美的品味，才是关键。因为出身、教育、经历等不同，每个个体都应当拥有并且被允许拥有对美的不同认知。正所谓"甲之蜜糖，乙之砒霜"，亦舒的领悟放在当下并不过气。也许模特吕燕之美非主流的精致，但她的笑容释放无敌秀色；也许纤瘦可以优雅，但丰盈也可分外动人；也许白皮能遮百丑，但健康小麦色也有无可抵御的自然魅力；也许青春活力是美丽俏佳人，但白发皱纹同样也可以优雅动人。

的确，在审美的领域，我们都拥有追求美的权利，但美是具有多样性的。当有一天，我们可以接纳自己的天然部分，选择自己认定的标准而不被惩罚或讥讽时，谈论美才有意义；当有一天，身为女性可以跳出身材的桎梏，活出真我的自然之美时，美才有存活的价值。

美的最佳使用方式：愉悦自我

与其愉悦他人，不如愉悦自己。一个女人最美的时刻，莫过于她将全部的身心投入她所执着热爱之事时；做一些顺从自己的天赋与热爱，能从中获得成就感的事情；与自己喜欢且能沟通的人相处，尽量在自己熟悉的人性花园里散步。让自己融入美，成为美的一部分。

1.找到属于自己的表现风格，比追求统一的审美标准更加重要。

曾收到来自多年老友的一句很受用的表扬："这些年每次见你，似乎少见你在衣服上重样，或与人撞衫。"嘿嘿，我偷着乐的同时也不免自查：这份赞美可并非全然来自疯狂购物的结果。

年轻时可能会有些购物冲动，但在历经多次购物陷阱和消费盲区后，某种意义上我终于找到了相对适合的风格。或者说，与其盲从于当下的时尚流行风，不如在自己妥帖舒适的衣服中，寻找和相应场合、气场之间的合适搭配。

比如说，卡其色风衣一度非常流行，但我大概率不会入手一件，因为知道自己的肤色撑不住这样的颜色，即便奢侈品的折扣跌到尘埃令人目眩，也不该被纳入理智的购物清单；又或者，手表或手机出新款，如果手边已有的依旧顺手，即便再喜欢我也会尽量控制住自己的钱包。这份对购物的理性判断，即是对自己风格的笃定，更是内在从容自信的证明。

毕竟，价格不菲的香奈儿之上还有昂贵的爱马仕，天价的高级时装之上还有需更高门槛兼漫长等待的私人订制。商业世界的繁华不断铺陈出簇新而诱惑的欲望黑洞，困守其中的人们实在难以找到物欲的终点。

此时，最好的方式不是继续陷入欲望的囚笼，而是抽身而出，适当地放低欲望，世界便从容得多了：可爱的布包之外还有优雅的竹袋，同样也是极富艺术感的装饰之道。如何驾驭外在之美，最重要的是寻找到自己的风格，保持力所能及的自律体型，尽可能缩减欲望回归简朴。这一切远比追求不断变动的潮流，且试图不断迎合变更的审美来得更加实际。

2. 投入关系里的真实互动，比对外表品头论足更重要。

在人际关系的海洋里扑腾多年，最大的体会是：千万别以最初的印象来判断人。

第一面见到得体风趣的他，背后可能是个尖酸邋遢的人；初见时极尽奉承之能事的她，可能转身就落井下石；毫不起眼说话磕碰的他，过些日子也可能飞黄腾达，大权在握。凭借外表的观察和短时间的了解，掌握的人物性格和心性特征总归是流于表面；凭借酒桌茶席结识到的风雅和富饶，如管中窥豹一般很难揭示真相。

如果对一个人有真实的兴趣，不若下到凡间，和她或他在一起生活、工作，经历风雨和浮沉，在日常的柴米油盐或点滴相处中，才有可能在真实关系的互动中，见到人的高贵和卑微处；也才可能感受到世间的人情冷暖——醉人伤感或动人心弦！

3. 松弛享受人生的每一刻，比刻意维持形式体面更重要。

《庄子·天道》中说：朴素，而天下莫能与之争美。朴素致美、大道至简。一个人的精神层次越高，越懂得生命的真谛，所追求的也越素简。夸大美貌的价值和意义，容易陷入审美的局限和智力的偏狭；有时，我们内心并不认为是美，但因潮流驱动而忍不住去跟随。这时，在欲望和现实之间寻找真实的地气，便成为非常重要的功课。

> 对比化妆品和服饰堆砌出的美人之姿，由丰富知识和自信涵养带来的非凡气度，更能让一位女性长久散发动人的璀璨光彩！
>
> —— 女性的沉香

多年前考研广州，中山大学一位师兄善意地告诫：你确定要考来广东读书吗？来广东后，你会变成一个非常现实的人。

年轻时的我以为现实是落入凡间、灰头土脸，心中不免惴惴不安。多年之后再回味师兄的话，这份现实其实是广东文化里的务实：骑车可以到达的地方，拥有劳斯莱斯的哥们会欣然踩单车前往；逛街购物时，高档商店里多是裤衩加拖鞋的深藏不露本地富人；美食当前，极简的苍蝇馆子里精英贵胄也会接踵而至。

某种意义上，做到一份接地气的真实，才是迎接热腾腾生活的最佳方式！

寻求上善之美，是人的终极成长方向

古希腊神话中，塞浦路斯王子皮格马利翁非常喜爱雕塑。有一天，他发挥自己的想象力和惊人才华雕塑出了一位美丽的女子，并深深地爱上了这个自己创造的女孩，每天热情地拥抱和亲吻它。被他浓烈而诚挚的爱所召唤，这座雕塑竟然变成了活人，成为他现实中的妻子。

这就是皮格马利翁效应：赞美能产生奇迹。

神话落入现实，又是什么样的场景呢？

1968 年，美国心理学家罗伯特·罗森塔尔（Robert Rosenthal）等人做了一项著名实验。他们在一所小学的 1~6 年级各选三个班的学生，进行所谓"预测未来发展"的测验，然后拿出一批随机抽取的学生名单通知教师"这些儿童将来大有发展前途"。八个月后，这份"预告"取得了奇迹般的效应：当心理学家再对这些学生进行智力测试，发现名单上的学生成绩真的有了很大进步，教师也给他们远超过去的优秀评语。

对于这个结果，罗森塔尔认为：主因是教师们接受了"权威谎言的暗示"，对名单上的学生态度发生了变化，产生了偏爱心理，进而对学生的心理与行为产生了积极影响，促进了预期效果的达成。这便是"皮格马利翁效应"在现实中的心理达成。

事实上，我们的成就、思想、行为以及对自己能力的看法，都会受到周围人期望的影响。弗洛伊德也有同样的阐述："如果一个人一直是他母亲眼中无可争议的宠儿，那么他在一生中都会保留这种成功的感觉，而这种成功的感觉总是能够带来真正的成功。"

美的自我实现，也可同样如此。如果我们对世界、对自己保持美的信念，这份自信和美好，同样也会随着时间的推移变得越发真实。请相信：我们期待的世界，终将是我们能够得见的美丽世界——当整个社会都拥有这样的期待，人间大美就会得以实现。

2021 年 7 月，某运动品牌爆火，三天直播销售额超过 1 亿元，远超该品牌过去半年总销量。让它直登话题榜首的起因是：该品牌在多年亏损的情况下，在国家有难之时，却不顾一切地向汛情灾区低调捐赠 5 000 万元物资。

虽说商业世界是无情的，但构成商业的个体终究是向善的。正如寒冷中无人能拒绝真正的温暖，即便是狼性文化熏陶下的商战世界里，也无人能抵挡人性的光辉。这也是闻讯而来的人们蜂拥前往它的直播间，疯狂消费的原因。

网友在虚拟空间的表达，或许带些盲从和瑕疵，但"行善行者得民心，守善心者得天下"的朴素价值观中传递的善意和公平，是国人特有的温情，更是整个社会完成"和谐美好新时代"之共同使命的爱意表达和互助力量。正如德国古典哲学家康德所言：

当我仰望星空深邃的无限，感觉自己的渺小，对两种东西的思考越是深沉和持久，他们在我心中唤起的惊奇和敬畏就会越发历久弥新。一是我们头上浩瀚的星空，另一个就是我们心中的道德律。

小时候家里没有电视，却适逢《西游记》热播。于是每天早早地去对面邻居院子里排排坐，只为不错过那个调皮却本领非凡的猴哥。长大后，我常想：人们爱西游记的原因之一，不外乎其塑造了一个颠覆现实的大英雄，既能打破传统，更有勇气和能力挑战权威，虽历经坎坷，终大功告成。那么，这个战天斗地的美猴王，取经过程的真正意义是什么呢？

是修内在的美德之心。

人们常常提及：男人靠征服世界来征服女人，女人通过征服男人来征服世界。这句话中，其中蕴含着女性的双重困境。即，一个女性获取世界的渠道只有两个：要么成为男性的依附者，要么成为男性的暴君。可令人遗憾的是，这样的获得永远也无法让一个女性拥有真正的自我。走出困境的唯一通道其实有且仅有一个：成为一个理性自由的人，以此获得他人由心而发的尊重，以及自我深层的认可。

事实上皮相很大程度上来自上天的垂怜或后天的修补，而内在灵魂的深浅却掌握在我们自己手中。与其成为蛇精相、锥子脸，拥有浑然天成的美格风情才是美的孤品；相对于高价服饰和得宜妆容，内在笃定和无畏静气则更是我们从容应对人生各种发难的最好战袍；相比于千篇一律的美之模板，其实，我们更需要修炼为一个能被人记住的、对生命保持高贵精神追求的洒脱灵魂。

翻看历史，无论是"云想衣裳花想容，春风拂槛露华浓"的杨贵妃，还是"水色帘前流玉霜，赵家飞燕侍昭阳"的赵皇后，均依靠美色爬上了人生巅峰，却多不得善终。美貌，与权力和金钱同样，都是令人神往的诱惑。但美妙的拥有者多有共通之处：她们需有与之匹配的能力来驾驭。如驾驭得当，它们便能恰如其分地发挥其妙处，愉悦人心亦增添世界色彩；若不能合理使用，多会演出一场人仰马翻的悲剧。

不少相貌平平的人们，因缺乏美貌带来的利益引诱，反倒减少了诱惑的困扰，而多了许多前行的时间和向上的动力。而美人如果空有美貌却无把控的智慧，就如普通人家收藏了稀世珍宝却无力看护，多只会为家里带来灭顶之灾而非福气幸事。

终究而言，建立在稍纵即逝的时间之上的美貌，脆弱而不堪一击。时间的唯一走向是不可逆转的流逝，美貌也随之如镜中花不可挽留。

面对不能穷尽的容貌绑架，身为女性的归途只有一条：接纳自己的美，回来做自己！从更高的维度看，理想的美之所为理想，是因它与现实之间存在永无逾越可能的鸿沟；只有从内在接纳自己的全部，顺应衰老的自然规律，才能将美貌的神话彻底破除，修习自己的内在安宁与从容。不只是女性，对于一个人而言：当人从无知无识的混沌状态一点点收敛内在的野性，从放纵肆虐的本能到接受文明的规制，从被迫束缚走向自我束缚，最终走向自得自洽，这便是心灵自由的真谛——获得领悟美的心灵，从此走进美的世界。

—— EMPOWER WOMEN ——

唤起道德律的美能超越时间和岁月，长出坚韧的翅膀，生出经久的动人。

女性的 中卷

这不仅是猴王受命西游的意义，更是一位向美之人在凡间生活的重要精神指引。毕竟，在内在成长的核心意义上，寻找并获得生命之美终极的走向不是死亡，而是——上善。

女性的力量

08 / 第八章　LOVE

当我们走入情爱世界

亲密关系也许充满艰辛，但却值得努力

Love —— 情爱

将来有一天，

女人或许不再用她的弱点去爱，

而是用她的力量去爱，

不是逃避自我，而是找到自我，

不是自我舍弃，而是自我肯定，

那时，爱情对她和对他将一样，

将变成生活的源泉，而不是致命的危险。

波伏娃
存在主义作家，20 世纪最重要的女性之一

人们对亲密关系的追逐，源于对幸福生活的向往：寻心动之人，与之携手，白首共老。然而，很多心碎的情感故事也由此开启：原本进入亲密关系的初衷，是想找个伴侣共同对抗人生的风雨，却不想苦苦寻觅到的那个人，竟成为人生中最大风雨的始作俑者。

国家民政部最新发布的统计季报数据显示，2022 年我国结婚人数为 683.3 万对。这一数据创下了 1986 年来的新低。与 2013 年 1 346.9 万对的最高峰相比，9 年来，我国结婚人数下降了 49.3%，下降幅度近半。

此外，民政部数据显示，2016 年—2019 年，我国每年离婚数总体呈现上升趋势。2020 年 1 月国家民政部新闻发布会公布：2019 年全国结婚登记 947.1 万对，离婚登记 415.4 万对，离婚数和结婚数之比高达 43.86%。这就意味着 100 对情侣成为夫妻的同时，也有近 43 对夫妻结束婚姻。

此后，离婚数虽因"离婚冷静期"等因素出现下降，但很快在2022年第三季度又开始回升。总之，近数十年的离婚数据虽偶有波动，但整体趋势依旧攀高。

除去婚姻成本提高等现实因素，年轻一代对婚姻的观念也在逐渐变化。这些数据的变化趋势似乎在提醒着人们：苦苦寻觅的幸福人生，可能很难从曾寄予厚望的亲密关系中获得。

现实真的如此吗？

婚姻真的是爱情的"坟墓"吗？

传说普罗旺斯有位少女，偶遇身着蓝紫衣衫的受伤青年。

少女用草药为其疗伤，两人的爱情也在此间滋生。当男子痊愈后，邀少女共度人生，少女也下定决心放弃一切随他离开。临别前，母亲送女孩一束薰衣草，说它的香味能让不洁之物现形，让女儿最后试探一下男子的真心。

于是，正当男子牵她的手准备离开时，少女将藏在怀里的薰衣草取出。男子瞬间化为紫色轻烟，随风而散；与此同时，少女也消失了。

有人说，她随男子回到了他湖蓝色的故乡；也有人说，她不甘的灵魂永远留在薰衣草里，等待真正爱情的到来。而薰衣草的花语"等待爱情"，从此便作为对历经磨难的爱的美好祝福，在欧洲广为流传。

不同于爱情童话中公主和王子终成眷属，从此过上幸福生活的完美结局，普罗旺斯之恋的求而不得更接近现实的情感状况。现代心理学认为：人类爱和性的渴望在关系确立之初最为强烈，而在双方相处15~36个月后，大多情侣间意乱情迷的热恋状态开始日益淡化，转为亲情。

当然，这并不代表爱情的彻底消失。对于不少擅长经营情感的伴侣而言，即便热恋时的激情慢慢消散，同样能获得一份相濡以沫且长久相随的爱情。而离开神话加持、落入凡间的爱情，多离不开激情、亲密和承诺。正如心理学家罗伯特·斯腾伯格（Robert Sternberg）所言：激情是爱情中的性欲成分，是情绪上的着迷；亲密是爱情关系中的温暖体验；承诺是维持关系的期许和担保。

换句话说，在经历爱情化学反应的吸引后，要进入并维持一段婚姻关系，重要的不是寄望于对方是完美伴侣，而是在确认两性关系后，双方共同用心经营、彼此成就这段来之不易的情感依绊。

作为爱情电影中的经典之作，《泰坦尼克号》（*Titanic*）讲述了一场惊心动魄的灾难和一份至死不渝的爱情。露丝和杰克的爱情在故事最高潮处戛然而止，让人万分惋惜；当他们在海上进行了最后的道别，那段唯美的凄恋也随之逝去。

　　不少影迷都希望能看到这对荧幕情侣再续前缘，以弥补当年的遗憾。于是，在《泰坦尼克号》席卷全球十一年之后，两位演员在电影《革命之路》(Revolutionary Road) 中再度联手，演绎了因彼此爱恋而走进婚姻，却在平淡乏味的生活中日益厌倦的弗兰克夫妇。

　　当他们第一次见面时，他是高谈阔论的有志青年，她是怀揣星梦的小演员。郎才女貌的他们爱得理所当然，情投意合，但婚姻改变了一切。正如钱钟书在《围城》中说："婚后你总觉得娶的不是原来的人，像换了另外一个。"婚后的他成了在公司做着无聊工作的上班族，她则成了不入流的糟糕演员。一次演出后，夫妇俩大动肝火，多年的积怨终于爆发；他们也曾试图通过搬家巴黎的计划拯救婚姻，结果却成为将两人推向更痛苦深渊的催化剂。最终，男人出轨，女人堕胎。

　　这种爱情神话落入凡间的反差，在东西方都同样现实而惨烈。生活的压力逐步消耗了人们对美好生活的期盼，现实与理想的差异让人感到深深的无力和无助。即使是两个真心相爱、志趣相投的人，朝夕相处中也难免历经无数小小的摩擦，应付生活中林林总总的烦恼。一路走来若还能保持彼此相爱和尊重，需要有豁达的心胸、匹配的价值观和包容平衡的人生智慧。正如法国哲学家罗素 (Bertrand Russell) 在《幸福婚姻与性》(Marriage and Moral) 中谈到的：

幸福的婚姻是可能的，但它须具备一定的条件：男女双方完全平等的感觉；身体和心理上的亲密无间；价值观上有某种相似之处；此外，他们都不当对方的警察，且能保有自己部分的自由空间。

婚姻的幸福当然是可能的，但婚姻的维系却是不易的，因为很多人将婚姻的幸福与否寄托于"命定的灵魂伴侣"。然而，有经济学家却从概率学出发断定，人这一生几乎不可能碰上最适合的"灵魂伴侣"："全世界70亿人，想象70亿颗绿豆放在一个大缸里，有两颗红豆是彼此的唯一。当大缸旋转起来，在短暂的一生中，两颗红豆碰上的概率几乎为零。正因如此，即便世上真有两人是彼此的唯一，他们这辈子也很难见面。"

若真如此，那便意味着我们海誓山盟许下承诺的那个她或他，不过是在差不多的时间挑选到的差不多的人。

经济学家认为，两性关系的本质是价值交换。恩格斯（Friedrich Engels）在《家庭、私有制和国家的起源》（*The Origin of the Family, Private Property and the State*）一书中评述道："一夫一妻制是人类社会在私有制出现后做出的自然选择。"经济学原理中的等价交换原则，同样也是人际关系，尤其是两性关系的本质：短暂恋爱的基础是两情相悦下的激情，而两性关系长久的基础则必然有相互依存的利益交换。

虽然看上去现实了些，但这也正是许多热烈情感随岁月逐渐破裂，而有些感情看似平淡却日益稳固的根本原因。

若能遇见爱情，好好珍惜和用心经营是开心良策；若不能遇见爱情，活好自己人生同样幸福绝伦。

女性的 P旁

在欧洲读书时，正逢电影《爱乐之城》（*La La Land*）上映：男女主角因情投意合而恋爱，却因无法给予对方持续稳定的经济或情绪价值支持而走向分离。不只是亲密关系如此，人际关系本就是一种需求互换的过程。我们从彼此身上获得了自己需要的东西，也给出了对方想要的东西（比如情绪支持、行动协助或经济依附），这段关系才得以维系。而当依赖渐渐消失，关系也会一步步走向崩离。始于爱情的两情相悦，成于价值的互利交换。

在这个情意泛滥、真爱稀缺的年代，我们该破除多少诱惑，付出多少努力，来收获一份真挚持久的爱恋呢？

情感保卫战：爱不仅是激情，还有责任

研究表明，普通人恋爱的多巴胺分泌大体只能维持数月，而婚姻

的内啡肽分泌也不过七年；而，当一个人在对 Ta 的亲密伴侣表达爱慕之时，仍有可能对另外一人产生强烈的暧昧性欲或爱情。

从进化心理学的角度看，这种配置也不奇怪。毕竟，人类爱情具有生物的繁衍意义，无论男女，在伴侣选择上，潜意识都需要遗传基因的利益最大化。所以，在自然生物学的天性层面，男性基因期待与尽可能多的女人交配，以期生育出更多的后代；女性基因则尽可能选择更匹配生存环境的男人，以保护自己和孩子。从这一点看，"出轨"某种意义上可认为是生物的原始本能；或可理解为：在一起和出个轨，其实都各有使命。

当一段亲密关系承载双方太多或明或暗的心理需求，且越发难以满足时，就容易引发情感上的不舒服，这份不适显现了不断进化的社会化认知与生物本能的冲突。

此时，为调整这份冲突，出轨便容易产生：有人出轨是想得到尊重和关注；有人出轨是想获得自我空间；有人出轨是想证明自己的魅力等。从心理发展的角度看，每段出轨都是个体在自我成长路上的艰难跋涉。

张爱玲在小说《红玫瑰与白玫瑰》写道：

也许每一个男子都有过这样的两个女人，至少两个。娶了红玫瑰，久而久之，红的变了墙上的一抹蚊子血，白的还是窗前明月光；娶了白玫瑰，白的便是粘在衣服上的一粒饭粒子，红的却是心口上的一颗朱砂痣。

这段对男人心理的精辟描写，深层刻画了人性的变迁：从刚得到的狂喜逐渐走向更多欲求的不满足。

在《青蛇》中，了解女性的李碧华同样致敬道：

> 每个女人，也希望她生命中有两个男人：许仙和法海。法海是千方百计博他偶一欢心的金漆神像，生世位候他稍假辞色，仰之弥高；许仙是依依挽手，细细画眉的美少年，给你讲最好听的话语来慰帖心灵。但只因到手了，他没一句话说得准，没一个动作硬朗。万一法海肯臣服呢，又嫌他刚强怠慢，不解温柔，枉费心机。

是的。不只男人，对女性而言，喜新厌旧都是人性的一部分。然而，厚的是欲望，薄的是人性。一见钟情得来的，多是色相吸引来的短暂欲望；只有走过福祸相依的千山万水，才能滋生出因时间的积累而叠加的浓情厚谊。法国作家安东尼·德·圣-埃克苏佩里（Antoine de Saint-Exupery）借《小王子》（*The Little Prince*）之口，讲述了他的婚姻观：

我的玫瑰花是独一无二的。因为她是我浇灌的，是我放在花罩中的，是我用屏风保护起来的，她身上的毛虫是我除灭的。我倾听过她的怨艾和自诩，甚至也聆听着她的沉默。因为，她是我的玫瑰。

是的。

其实你的爱人和世界其他男人或女人无太大区别。而之所以它能成为你独一无二的玫瑰，是因为你为它花费时间和精力，你们相互驯养，建立了真挚而历久弥新的感情。这才使你的玫瑰在心中与众不同。它不是一见钟情的电光石火，而是在平静、和谐的生活中，一起经历美好，携手渡过难关，彼此身心逐渐滋生的不可替代和不可分离感。所以，小狐狸才对小王子说：

你不应该忘记它。你要对你驯服过的玫瑰负责到底……

爱不仅是激情，还有责任。出轨是本能，忠诚是教养。虽然有繁衍满足自身的性本能牵引，但依旧选择受制于社会文明及自我约束，守诺并践行当初对亲密关系的心灵契约。

这才是小王子道别小狐狸，回到自己星球去陪伴玫瑰的内因。

两性关系中的平衡术

我喜欢永远不停歇的人生，期望能如傅聪那般过类似"大脑永远在思想，心灵永远在感受"的生活。然而忙碌之余，我也喜欢漫无目的地散步。对比于不停歇地永动，无所事事走来走去，算不算对白驹过隙光阴的亵渎和放纵呢？

并非如此。

适当的放空对大脑神经的休息有百利：散步时，大脑会涌现不少突来的灵感；想清楚许多悬而未决的问题；作出不少明智而有效的决定。这便是散步闲适带来的高效。一个每天疲于奔命的人，难有深刻的人生思考，更不易获得千金难觅的灵感源泉。闲适和劳作之间，微妙的地方就是那份平衡。而这份"千钧将一羽，轻重在平衡"的智慧，其实暗藏在生活的每一处。

那么，事业和家庭的平衡点又在哪里呢？

事业和家庭的平衡

不少已婚的女明星在采访中抱怨：

"总有记者采访我，如何平衡妻子和演员的角色，可是为何没人问我先生同样的问题？"

婚后到底应把重心放在事业还是家庭的问题，连钱多人美的女明星都伤脑筋。对于普通女性而言，则更是难题。在过去的传统社会中，女性多在家庭生活中扮演毋庸置疑的主内角色；但随现代经济发展和科技的进步，女性逐渐获得工作自由和经济主动权。至此，男女性别导致经济生产和报酬获得中的差异越来越小。

即便如此，当下社会对男女行为依然有两套完全不同的规范和评价体系。但男女两性的刻板印象并非由两性生理决定的，而由整个社会的文化构建而成。

刻板的女性气质认知包括：女性应具备阴柔、非逻辑等服从性。而被寄予厚望的男性过得也不轻松：被要求具备阳刚、主宰、占有等进取气质。遗憾的是，这样明显划分的特质并不适合所有女性或男性，很多女性天生果敢有力量；而很多男性却天然娇媚且柔软。

但在社会的强硬规制下，人自动沦为这份固定认知的受害者：每个人都或多或少被规制所牵制，压抑甚至泯灭自己天性的一部分来满足外在期待。它导致的结果除了人生的不幸福，更有婚姻分工中的不平衡：婚后的不少女性，除了白天要和男人一样养家糊口外，晚间工作回家后还要承担起做饭、洗衣、育养孩子等全部家庭责任。

实际上传统社会的规则里，不仅女性受到性别规制而在教育、职场等能力发展上被束缚，男性同样也是受害者。按照传统规则，男性必须挣钱养家成为家里经济的顶梁柱，压力巨大；男性天性里同样存在温柔脆弱的一面，因为社会对于男儿有泪不轻弹之刚的本色塑造，而无法在人格发展上得到合理表达；而在不够平等的环境里生长的男性，同样也缺乏在男女平等环境中生活的体验，而很难为自己的下一代（尤其如果下一代是女儿）树立平等的生活样本。

所以，回溯到男女实质平等的规则中，两性关系中美好的样式便是保持对彼此平等的尊重，并寻求和谐共处的平衡。

常态上，如果男性扮演家庭经济主心骨的角色，那女性就无法推诿，必须投入更多精力到家庭生活中。然而，当一个家庭经济需要男女双方都外出工作获取报酬才能维系，这时，最好的方式就不能再依从传统和常态，而需双方对家庭责任进行共同分担。而更需面对的社会现状是，随着女性受教育程度越来越高，性别对收入的束缚越发减少，和欧洲社会相似，承担更多生活责任的家庭主夫在中国社会尤其一线城市里越来越多。

毕竟，"一个男人竟然是靠女人"这样类似的言论在传统表达中屡见不鲜，在男性深刻优越感面纱下，布满对女性性别的贬低和对男性同样过于期待的压力伤害。正如金斯伯格所言：性别刻板印象里蕴含的性别歧视，对男性和女性的伤害都是一样的。比如一个喜欢在家做家务、带孩子的男性也会受到非议和偏见的影响。

实际上，每个人，无论是男还是女，都是一个独特的个体。对比按照僵硬的性别模板来塑造自己的个性和人生，社会性别气质的多元化才是未来社会的发展趋势。

大导演李安刚刚起步时，拍电影的梦想也曾屡屡碰壁。婚后七年没有任何收入，家中支出全靠太太一人工资支撑。但李安也没有闲着，虽自己事业受挫，太太出去工作，那他就承担起更多"家庭育儿"的责任。事实上，这样的付出让他享受家庭时光的同时，终也心平气和地等来了电影事业上的机缘。

连李导也如此，普通人的两性相处更离不开彼此承担的重要课题。家庭和事业的平衡关键在于，亲密关系中彼此都能跳出刻板的性别桎梏，从当下的现实出发，为共同的家进行事业和家庭事务的合理分工与有效合作。

如此，面对生活的压力，坦诚真实的自我，选择并承担自己所能承受的，从而在亲密关系中寻找适合彼此的平衡相处之道。

要么势均力敌，要么独一无二

爱情是所有情感中最难捉摸的东西，情到深处难自己，爱至彻骨偏生恨。爱情是饱含甜蜜的，爱情也是令人痛苦的。

但任何一段情感，只要理智地抽离和回看，人们都能深刻地意识到：恋爱是两个陌生人进入彼此生活的最紧密时刻，更是一个人袒露自我、考验自我、了解自我的最佳时刻。

琼瑶阿姨曾教导的那套歇斯底里的依附型爱情观，在当下情爱世界里已尽失艳丽。对于新时代的女性而言，自己在享受爱情的同时，依然能保有情爱中的势均力敌尤为重要。

毕竟，一个懂得掌控自己命运的女人，才能算得上一个幸福的人。一百多年前写就的《简·爱》（*Jane Eyre*）之所以依旧恒久远，因它提出了一个对现代人来说依旧振聋发聩的观念：爱情里的男女，灵魂实是平等的。

> 难道你就因为我贫穷、默默无闻、长相平庸、个子瘦小，就没有感情，没有心肠吗？你想错了！我的灵魂和你一样丰富，我的心胸和你一样充实！如果上帝赐予我财富和美貌，我会使你很难离开我，就像现在我很难离开你。虽然上帝没有这么做，但我们的灵魂是平等的，就仿佛我们两人穿过坟墓，站在上帝脚下，彼此平等。

说来羞愧，对比百年前简·爱的情爱观，当下的情感世界里，强势的那方往往易为青春与美色迷惑，用手中的权力与金钱去进行一场似乎永不失手的交易；弱势的这方则易在金钱与地位前迷失自我，情爱轻而易举就成为等盘秤上称量的物品。

而出身贫贱的简·爱，却不会因为穷苦而放弃尊严；当一脸严肃的罗切斯特对她冷眼相对时，她用不卑不亢的坦然面对，完美诠释了：自我尊重是赢取社会和他人尊重的第一步。她拒绝成为罗切斯特的情妇而悄然离去，只为保持爱的尊严。或许有人会耻笑她的单纯矫情！

但是，如果简·爱接受了情妇的安排，她未必不会成为另一个安娜或另一个包法利夫人。鲁迅在《伤逝》中曾无限怜悯地悲叹："女人一旦失去了独立，终将成为男人的附属品，爱情也会随时间而消逝。"小说里的爱情如此，现实中的情爱也如是：

> 香奈儿出生在父母双亡的贫穷家庭，虽身世凄凉，但要强好学。在一家咖啡厅里，香奈儿遇到了生命中第一个重要的男人——一位法国军官。他对香奈儿一见钟情，但她却很快厌倦了城堡里纸醉金迷的生活。
>
> 香奈儿想要独立的工作。
>
> 她咬牙狠心离开了舒适生活，回归清贫从头开始创业。当香奈儿和她的品牌越来越成功，她已靠自己的努力跻身于曾向往的上层名流。来追求她的贵族有许多，但是再也没人能让香奈儿心甘情愿走进婚姻。著名的威斯敏斯特公爵也曾被她拒绝，因为她说："地球上有很多公爵夫人，但香奈儿只有一个。"

这位康朋街雷厉风行的可可小姐，以其历经千帆却不断提升自我的一生，完美地践行了：一个女人，只有活出自我，才能不可取代。

实际不管男人或女人，想在情爱中保持魅力。最终只有一个选项：

要么势均力敌，要么独一无二。

你，选好了吗？

我一个人很好。我并不想拥有你，除非你我在一起能比我独处更美好！

女性的 *P卷*

良性沟通四要素：掌握爱的艺术

有人说："当恋人间分离，彼此只有唯一的问题，就是想念；但一旦在一起，就会有大堆的比如金钱、依赖、表达、子女等无穷无尽的问题。"

许多亲密关系走向结束的原因并非双方没有感情，更多的是缺乏有效的沟通能力。久而久之，这样的偏颇会让情感走向万劫不复的极端。于是，只能眼睁睁看着原本深切的情感，消磨殆尽。如对情感依稀还有挽留，便是时候寻找良性沟通的方式了。

要素一：袒露真实

恋爱初期为获得对方的认可，彼此大多掩饰自己的弱点，尽可能展示最好的羽毛。然而，想收获一段真挚长久的情感，却需展现重要的品质：真实。沉溺于亲密关系中的人，希望他们的爱人能看到"真实"的自己（包括缺点），同时，也想要看到"真实"的对方。在关系中感觉彼此是"真实地存在"的人，是两性关系从情欲吸引到情感依恋的核心一步。

周末有夫妻来家里做客，除了被撒一嘴的狗粮，也收获了他们恩爱的秘密：对比不少恋爱初期的你侬我侬，他们吵架厉害的时候反倒是刚恋爱的两年。正因如此，这样真实呈现导致的矛盾和冲突，反倒能在热恋期得到消化和调和。

这种能够允许双方真实存在的关系，也许在短期会造成一些碰撞。但长期来看，它袒露的真实会更正面影响人们的幸福感——让人在亲密关系中清晰感受自己的存在。为实现这种彼此坦诚、信任的状态，我们更不惧怕在亲密关系中展露弱点；面对冲突时，我们也更可能选择表达真实看法，而不是敷衍对方以避免冲突。

毕竟，伪装成工作伴侣想要的样子，伪装成生活情侣喜爱的那个人，终归都有憋不住的那一天。当我们袒露彼此的真实面目时，彼此依然还能接受和相爱。这样的我们，才能从亲密关系中获得长久的幸福。

但既然有如此多的受益，为何不少人依旧不愿敞开心扉呢？

要素二：不要害怕冲突或差异

心理学认为：真实性并非没有潜在成本。准确的自我觉察可能是令人痛苦的；与真实自我相一致的行为可能会被他人讨厌；将自己敞开给亲密的爱人可能会招致失望、嘲笑或背叛，这些负面后果可能会破坏人们的主观幸福。换句话说，真实性并不总是令人愉悦的，它同样也能招致不快的冲突。

然而，冲突本身不见得是坏事。

某种意义上而言，亲密关系里的冲突本身对恋情是有意义的。不少恋爱关系是越吵越亲密：在情感流动不畅的情况下，吵架通过肢体摩擦，最快速度表达矛盾，化解纠纷，增强默契，拉近两人的距离。

曾有两位扮演夫妻的演员，在表演磨合之初两人因生疏而彼此客气，相敬如宾的状态反倒无法找到老夫老妻的感觉。于是，导演李少红出主意，让他们试着吵一架。果然，吵架结束后的两人不仅交流无障碍，信任度和默契度明显提升，在表演上也到达更松弛的状态。

为什么会这样？

因为冲突能让矛盾暴露而得以见天日，承认问题存在之始便是解决问题的开端，远远的胜过将矛盾深埋心底，直到日积月累至火山爆发。世界上没有完美的人，即使再优秀的人也有自己的缺点和盲点。只是，糊涂的人从别人身上找借口为自己的缺失辩解，聪明的人则努力寻找自己的盲点，并从沟通中了解如何补拙来消除这些缺陷。

对亲密关系的相处，差异是烦恼，更是宝藏。如若深挖这份宝藏的收获，人们会发现：分歧是件好事。站在事情处理的角度，不同意见的彼此一旦敞开心扉，就会收获两份全新的理念和价值观。一旦进入理性和客观的角度，它便成为一次跳出思维定式的契机，吸收各自所长，拓展彼此视野，最终获得更开阔的解决方案。

此外，相爱的人们想要幸福，终须看看人性的最低处。身处爱恋中的两人，会通过争吵等摩擦看到彼此的底线和基本原则。如果这时相互之间并不能接纳，岂不是上天赐予良机，让我们看清彼此真实面目并早日做出抉择；如能接纳且保持相爱相守，便是亲密关系再进一步的里程碑，从而让两性世界中的我们更好融合为一加一大于二。

要素三：寻找最好的表达方式

负面愤怒和正面感恩都一样，它们作为情绪不可分割的一体两面，最好的方式不是压抑或隐藏，而是充分而合理地表达。

1. 有效合理地表达愤怒等负面情绪。

心理学博士马歇尔·卢森堡指出，在一段稳定的两性关系中，沟通尤其是非暴力沟通至关重要。避免进入暴力沟通模式的核心，是使用有效合理的方式表达愤怒等负面情绪。其步骤有三：

首先，当矛盾发生时，停下来深呼吸十秒以上。如果做不到，请暂时远离情绪的战场，退到安静的地方透透气、散散步或喝口茶；

其次，在抽离的环境中安静下来，想想到底是什么激发了自己内在的火气甚至愤怒，感受不满情绪背后的需要。因情绪背后多是需求未满，不再试图分析他人的毛病或问题，而是用心去了解彼此的需要，这样我们的内心才会在找到"积怨"根源的同时，逐渐走向情绪的平稳；

最后，以温和且理解的方式来表达感受与尚未满足的需求。很多情侣之间的沟通无效甚至变成了争吵，就是从表达情绪和解决事情的状态，变成了只是情绪宣泄而已。一旦发现自己和对方内心深处的诉求，有礼（情感尊重）、有理（事实依据）地进行我方需求的"抗议"。练习把每个指责都转化为尚未满足的需要，才能将负面情绪转化为解决事情本身。而后采取积极方式表达并行动，最终让两人情感恢复常态，重获生活的热情。

2. 表达感恩。

在沟通中，真挚坦诚而非虚情假意地表达感恩非常重要。

美国著名心理学家马丁·塞利格曼建议：找一位在我们人生节点上起关键作用的人。写一份长信，或见面拜访告诉他：他们曾做过什么对我们有益的行为，使得我们的哪些需要得到满足，而后又有什么样的进步。事实发现：当人们做了这样的感恩反馈之后，接下来的几天甚至几个月后，他们的抑郁症减轻且明显开心起来。

同理，亲密关系也需要这样的经营。

亲密关系的双方可试着寻找彼此共同参与并发挥优势的活动。比如共同旅行：擅长计划者规划行程，擅长营造气氛者准备行囊；或进行家庭约会：老公擅长烹饪就多煮几道美味，老婆擅长情调就布置鲜花音乐等。

无论是哪种活动，只要彼此共同参与之余，都尽可能赞美和感恩对方，尤其在自己力所不逮的地方。倾力付出并给予赞美，得到满足并收获感恩，这便是亲密关系成长中又一次情感递增的良机。

---- EMPOWER WOMEN ----

感恩是一种力量，时刻让我们感受到他人的支持，让我们重新找回爱的能力。

女性的 中卷

3. 适当地妥协。

一次演讲中，老师说："当一个人做错时，他妥协退却了，这意味着他是明智的；当一个人正确时，他妥协退却了，这就意味着他……"

"结婚了。"一个声音从观众中飞出。

幽默当然是好笑的。但它更反映了一段亲密久远的情感，也需要彼此适当的妥协退让，才能共同成为人生赢家。毕竟，两个完全没有血缘关系的陌生人因爱结合，但因家庭教育、成长环境、生活境遇等种种不同，只要开始紧密相处，就会不可避免存在摩擦。对两性沟通而言，一个需要推翻的虚伪命题是：一方必须成为唯一赢家。而事实是，亲密关系中没有绝对意义的单方赢家；如果有，一定双方都是。

正因如此，两性关系相处中适当地妥协非常重要。《父母爱情》中来自农村的二婚军人和来自资本家庭的初婚小姐，共同克服了出身的差异、文化程度的悬殊、生活环境的恶劣以及特殊时期的生存困境，抚养着五个孩子，共同走过了风雨数十年。当孩子们长大成人，步入老年的江德福和安杰回首往事，觉得能携手度此一生是无比幸福的事情。而他们的婚姻之所以顺利度过如此多险滩暗礁，打动一代又一代的观众，除了时代的特殊性，更重要的原因之一便是：两人之间良好地沟通与适当地妥协。

亲密关系中的双方，一旦能彼此放下指责，清除沟通的障碍，完成合适的表达并拾起最真实的自我。此时，两性关系的发展也许会走进你我所不可估量的风景。

要素四：用仪式感让温暖长存

在漫长的婚姻生活里，很多时候我们都因忙着工作、应酬和身边琐碎小事而忽略了身边亲近的人，无话可说成了婚姻中的可怕常态。然而，不仅结婚需要仪式感，婚姻的维系更需要仪式感。仪式存在的意义在于，将那些虚拟的或看不见的爱情、新的身份、新的关系的开始和维护，变得真实化和视觉化。这也是我们常常说的：爱需要表达。

每当陷入两性关系的争吵纠缠中，还能让人坚持下去的一定是对方曾做的生活点滴：藏了一周不舍独享，等你回来才喜滋滋打开的黑刺榴梿；出差北京经过三次，自己不舍得刷卡，对方却替你偷偷买下的限量围巾；舍得为你花钱，买下价值不菲的定情戒指，但却偷偷告诉你：不要告诉我妈。

表达可用言语说出来，亦可通过生活中的一束花、一张电影票甚至一碗热气腾腾的葱花鸡蛋面来表达。每次微小的简单表达，可能会带来一天或一周的喜悦。虽然生活并不会因为一点点的快乐而改变，但在颠沛的漫长人生路上，这份温暖却可让彼此的情感相互依偎、互相理解地坚持走下去。

若真爱尚未降临，请先成为更好的自己

人们常说，世事无常。无常的不仅是世事，还有人间情爱。

一方面，真正持久的缠绵之爱是可能存在的。当女性无须在爱中放弃自我而能真实地展现自我，当男性无须伪装自我而能被充分地肯定自我，此刻，这份属于两个平等主体之间的爱，将从危险和羁绊中抽离出来，成为彼此生命的活力源泉。

但这并不容易，双向奔赴的绵长情感对男女双方的价值观、人生观、世界观的共性要求和差异挑战极大。

所以，在爱情神话的另一方面，我们需要了解，爱的无常。

识得世间情爱的无常

昨天的恋人们还在死去活来地爱着，今天却可能会在更大的利益或者更诱惑的美色前缴械投降。曾有人在情侣众多的人群中问道：你愿意为了百万元放弃你的女友吗？回答可以的人不多；千万元呢，可能已有人内心开始动摇；上亿元甚至更多呢，能坚守阵地的人就少了。

有人说，我爱我的女友，她是我独一无二的玫瑰。但是，如果是沉鱼落雁的绝色佳人在她们最青春的时候来到你身边呢？你确定你的选择不会有丝毫的动摇吗？即便没有外力的变化和选择的诱惑，不少因日益熟悉的亲昵而消失的荷尔蒙，也同样会让曾热烈的情感变得清淡而冷漠。

世间的情感有永恒不变的吗？

人们虽信誓旦旦，要白头偕老。但实际上，他们更多的是在一起争吵不休、感受痛苦直到无常到来。《红楼梦》中的黛玉一边扫花，一边唱《葬花歌》："试看春残花渐落，便是红颜老死时。一朝春尽红颜老，花落人亡两不知。"是的，玫瑰会凋谢，肉身会腐朽，激情也会燃尽。有时杀死激情的，不过是人们自己。

电影《永恒》（Eternals）中的那一对因爱情燃烧而忘乎所以的恋人，等到终于有机会戴上锁链而形影不离时，最终的结局却是因仇恨杀死了彼此。现实中2021年的一天，一对乌克兰情侣剪断铐在一起的铐子，结束了 123 天形影不离的情感生活。当铐子被剪开的那瞬间，女孩兴奋地高喊："自由啦！"。这对恋人曾以为天天零距离地相互依偎就能永不分离，换来的却是比以前更多的争吵和不解，剪断手铐后的诀别成为他们唯一的选择。

EMPOWER WOMEN

若带着占有的情感去看，巅峰或高潮，我们都会患得患失；若带着无常的心去看，分离和诀别，我们依旧会感恩莫名。

女性的 中道

永恒爱情仅存在幻想之中，再美的爱情也会随长时间的相处回归常态，甚至会在熟悉后变得相互憎恨。其实，并非锁链毁了男女热烈之爱，而是变幻莫测的世界和不可估量的人心。

无常，才是世间情感和世界万物的真相。面对世间无常，并非只有绝望一条路。毕竟，情爱的意义并不止于繁衍和快活，而是短短一生之中，我们是否用情爱的修炼场，成就更好的自己和更美的世界，这才是情爱赋予人类的终极意义。

获得真爱之前，首先得是一个完整的自我

爱是什么？

　　爱是遮风挡雨的港湾？爱是温暖寒冬的火炉？爱是孤独寂寞时的陪伴？爱是繁衍子嗣的绵长？

　　是，也不只是。

　　爱情能让两个曾经的陌生人变成世上最亲昵的伴侣。当我们能够习得将此爱延伸扩展，便能够掌握爱的真谛：一个完全无我的人，一个视天下人都为爱人的人。对比相对自私的等价交换与索取之爱，真正的爱中，他或她并不期待你有某种回报。因为他没有自我需要被喂养；他也无须计算付出的爱和收到的爱是否均衡。

　　然而，世间人多有俗意，修到此等终为极少数。所以，无论古希腊的斯多葛派，还是印度的佛陀，都在传递一个相似的讯息：外在世界变幻莫测，人事难以掌控。要获得一份无私无畏的真爱之前，自己首先得是一个完整的自我。

　　什么是完整的自我？

　　是纯良的自己，诚恳的自己，磊落的自己。当独自成长的人终于走到此处，遇见另一位愿彼此成就的杰出灵魂，才有可能拥有一段真正相濡以沫、爱意绵长的情爱佳话。

09 / 第九章 SIGNIFICANCE

人生意义的答案只有自己去寻找

扩宽思维的疆域，带着内在的力量去爱

Significance

Significance —— 意义

楚门：你是谁？

创造者：我是创造者，创造了一个受万众欢迎的电视节目。
而你，就是这个节目的明星。

楚门：那么，我周围的一切都是假的？

创造者：但你是真的，所以才有那么多人看你……听我的忠告，
外面的世界跟我给你的世界一样虚假，有一样的谎言和欺诈。
但在我的世界里你什么都不用怕，因为我比你更清楚你自己。

楚门：但，你无法在我脑中装摄像机。再见，祝你早安、午安、
晚安。

电影《楚门的世界》
(*The Truman Show*)

　　第一次看《楚门的世界》时，我还在读大学。观影结束后的那晚辗转反侧，仿佛困于囚笼中的是楚门，亦是自己。被剥夺了自由、隐私乃至尊严的楚门成了瞩目的明星，拥有豪宅美眷等看似无缺的生活，但毋庸置疑，他也成为大众娱乐工业的牺牲品。

　　虽然楚门只要跟着导演的节奏就可虚无地度过他的一生，没有竞争，没有忧虑。但当得知命运被操控后，内心对自由充满渴求的楚门，对这个虚拟世界的逃离成了必然。所以，无论外面多么危险，他都要走出那扇门，丢掉墙内木偶式的虚伪快乐，去追寻属于他自己的真实生活。墙外的生活也许有诸多磨难、欺诈、诡辩，甚至恶意伤害，却没有如同上帝般的导演为他设计的退路，他只能依靠自己。

　　事实上，有关墙里墙外、洞内洞外的困惑，人类从很早以前就开始思考。

　　两千多年前,柏拉图在他的《理想国》里提出了一个"洞穴寓言"。囚徒们世代住在洞穴里,唯一看到的世界只有洞里的墙壁上从外面世界投射进来的亮斑。但人们不以为然,认为这投影的亮斑就是真实世界。直到有一天,一个囚徒意外走出洞穴,看到了更大的世界。他不顾一切折转回来,试图告诉他的朋友们自己所见。

图 3　柏拉图的"洞穴寓言"

　　但这样的真实却给朋友们带来了恐惧,因为他们之前对世界的认知被推翻了。与其被真相打开双眼而承担不安全的未来,他们宁愿选择盲从,困在原地。最终的结局是,第一个知道真实世界存在的人——先知,被杀死。柏拉图在其中隐喻的先知便是他的老师——无所不知的苏格拉底,现实中的他被当权者毒死在监狱中。死前,他说道:

　　　　朋友,你对智慧与真理如此冷淡,对灵魂的最大利益漠不关心，难道不觉得可耻吗？我是神赐给这个城邦的牛虻，总是催促你们前行，唤醒并苦劝你们。但你们却像沉睡中突然被唤醒的人，勃然大怒，恨不得立刻置我于死地。

是的，不少人宁愿永远都不知道真相，在混沌中看似安全地度过余生，也不愿在真实的风浪中扬帆起航。当命运的选择题摆在人们面前时，主动选择当木偶的人，不在少数。

此刻的你，是愿意像木偶一样度过貌似安全的一生，还是活出虽有痛苦但却真实的幸福呢？

享受生命的赐予，哪怕只是一个人

南朝宋范泰曾作《鸾鸟诗序》：罽（音同"记"）宾王得到一只青鸾，传闻叫起来很好听，于是就想尽办法让它鸣叫。三年过去，青鸾不发一声。王后建议说：听闻青鸾见到同类会叫，不如在它面前挂镜子一试。王依计悬镜。青鸾见到镜中自己，以为遇同类随之展翅起舞，放声悲鸣不肯停歇，最后力竭而死。

这便是青鸾舞镜的传说。

青鸾一直在寻找同伴，人类也不能逃离孤独。即便出挑成为天之骄子，也难逃时代玩偶的命运。有一年过年，只我与母亲两人。难得清净之下，来来回回看了不少古今名侯将相的纪录片。终有一晚，爱看电视的母亲宁可睡去也不肯再看。

我问："为何？"

母亲幽幽答道："唉，名利再显赫又如何？终多不得善终。"

即便尊贵如斯看似行动自主，却始终被命运的丝线牵绊，演出着既定的悲喜剧。这便是柴米油盐、喧嚣浮华之下的世界真相。即便如此，我们也需直面命运的安排；更多的时候，一人迎敌背后无依。

那年春冬，对我而言，异常孤独。交友方面基本在做减法，工作方面也是如此，家里母亲不是住院治疗就是在老家颐养。也是这一年，我做了许多人生中的第一次：一个人去餐厅；一个人去医院；一个人去看电影；一个人去旅行。

当命运里只剩一人去面对千难万险时，我们无人可诉；即便如此，我们依然要歌唱，要舞蹈，要享受生命的赐予，哪怕只是一个人。

毕竟，人是生而孤独的。

我眼中看到的花，你永远看不到；即便看到，依然是花的不同面相。我看到的苦，你也永远看不到；即便表里相似，但一千个人眼中依旧解读出一千个哈姆雷特。当然，我们可以分享，亦可以假装，但我们始终无法分享心里的花，无法感受相同的苦。与其在孤独中悲春伤秋，不如将孤独变成自由的狂欢，好好享受孤独这份独特的命运赐福：

孤独使人坚强而独立。

网球名将玛利亚·莎拉波娃（Maria Sharapova）在自传中写道：

独自上球场比赛的时候，真的感到很孤独。越大的球场，越感到孤独。巨大的灯光照耀下，只有自己和对手。

无人可求助的当下，只靠自己其实也是最大的强心剂。毕竟，要想成功登顶，除了努力和机遇，对于孤独的耐受力也是必然的修炼项。

孤独使人独醒而充盈。

法国作家古斯塔夫·勒庞在《乌合之众》中写道：

单个人具有主宰自己反应行为的能力，群体则缺乏这种能力。个人一旦成为群体的一员，他的智力会大大下降。当许多个体汇集成群体后，这个群体的智力低于个体平均智力水平。

更可悲的是，群体的智力基本取决于群体当中智商最低的那个人。正如木桶的盛水量取决的不是最高的那块木板，而是最低的那块。所以，如果没有办法寻找到合适的群体，不如孤独。众人皆醉吾独醒，同样也是一份轻盈的快乐。

孤独使人执着于理想。

作家麦家在演讲中说：

当众人都一路往前冲杀的时候，我要独自靠边，以免被时代的洪流卷走；当一切都变得声色犬马，令人眼花缭乱的时候，我要安于一个角落，孤独地和寂寞战斗。

在孤独行走的过程中，最大的敌人不是他人，而是自己。当世界日日新、天天快时，孤独可让我们回归内心深处，练习做一个旧的人，慢的人，不变的人，为理想而执着的人。

现代的人们在为名利沉浮之时，也慢慢失去赖以生存的精神寄托，人生的意义和价值常伴随着精神家园的消失而逝去。这也是为何许多人即便得到众人艳羡的名利、走上人生巅峰后却至此失去人生的方向和本真的快乐。

因为我们逐渐从一个物质上普遍不满足的时代，进入到一个精神上普遍不安宁的时代。要对抗这份因精神真空导致的不安宁，寻找激情的伴侣或物质的满足，都非最佳，只有直面孤独，才能独处自省向内寻找；只有和自己相处融洽，才能真正与这个世界相融。

对抗孤独的方式，就是寻找人生的意义

人生的意义，到底是什么？

切身而说，当个体在世俗社会里顺风顺水的如意之中：学业顺利，

事业通达、感情美满、身体健康时，很难，或者说没有必要来思考它。

只有许多困惑甚至巨大痛苦发生——过去的人生价值观受到冲击，过去的上升路径受到阻力，过去的顺途开始出现泥石流时，我们才有可能叩动心门提出这个问题。

关于人生的意义，你的答案是什么？

在二十多岁的年纪里，我曾有两次机会向长者提问。

第一次是在大学校园里，向师者提问。

师者的答案是：人生是没有意义的。

那会自己还在校园，意气风发青春少年，拼命读书通关考证，攒了一堆本领、积了一些力量想来开疆辟土证明自己，奉若神明的老师的话几乎是当头一棒。

第二次是在社会上工作几年，各种席卷而来的压力无处可逃，我向母亲提问。

母亲的答案是：人生就是用来受苦的。

她的前半生，很是吃了些苦头的。官僚地主的孙女，不受待见的女儿，多被忽视的姐姐，众多孩子的母亲。但整体而言，她的说法并不创新。实际上，这代表了很多人的想法。

一方面，很多人的内心不停叫苦；另一方面，还为自己做了让自己感觉良好的事情而内疚。于是，苦中更苦。

人生中这两位重要的人以他们的言语在我青春活力的十年，扮演了不可磨灭的乌云般的角色。但目瞪口呆的年轻人不知道改进的路途在哪里。

于是，我选择寻找，以离开熟悉世界的方式去寻找。而今，年龄介于孔圣人所说的"而立"与"不惑"之间的我，交出的答案是：

人生，是用来修行的。

在修行中，修正我们自己的言行，修正我们自己的瑕疵，修正我们自己的品德。因为每个人的缺失部分是不一样的，所以，上天赐予了我们每个人不一样的生命角色。

我们常说，上天是公平的。因为无苦难的生活是不符合人性的。不管角色定义如何，只要时间跨度足够长，我们中的绝大多数所要面对的人生课题都不会太容易。或者说，每一个生命，都有它自己要度过的艰难。

绝望中迸发而出的，可以是鲜血，更可以是鲜花

那么，上天的公平在何处？公平在何处？

如同法律一样，实质意义的公平很难存在，但形式公平却能在某种意义上实现。正因如此，我们能做的只是把握上天给予的公平修炼机会。不要刻意区分方或圆，苦或甜，高贵或下贱，善良或恶毒。毕竟，荒诞和快乐，苦难和幸福本身就是人生中相互依存的硬币两面，

以至于没有苦难，其实人生的快乐也无从谈起。

唯有努力把握好我们的角色，真实地通过境遇的安排，豁达地看到此时此刻来到我们生命中的课题是什么，而后心平气和地解决它。

比如疾病的出现一定是有原因的，许是过去多年不太珍惜身体，累了不好好休息，饿了没好好吃饭，有情绪了没好好处理……疾病在浅层次面一定是苦的，但苦只能硬撑着承受吗？那你我真是白白受苦。

苦的意义不仅仅在于承受，而在承受的同时，反思自己为何会引发这样的苦，然后，在苦中找到那丝醇厚的回甘。

具象到客观事物上，可以想想茶、咖啡、苦瓜等明明很苦的食物，却有其令人着迷的回甘之处，便能找到一点点答案了。

至于抽象上，让我们一起来试图理解。

如果苦是天生带来的，比如天生的疾病，如果找回前世罪孽去推理现实报应之类的依据，能让你舒服一些的话，不排除它也是一种选项，但我更推荐很多强大的人已找到的现世解决方案。比如，历史学家许倬云先生在谈到自己出生便手脚弯曲不能动弹，面对从命运开始就陪伴的残缺时，他淡淡地说：

这其实是我一生的幸运。因为开刀，因为走路不方便而受到老师们特别的照顾，得到别人不太容易碰到的机缘。此外，我的身体让我更有机会体验安静和孤独，更有时间且更急迫地想从个人的苦难，延伸开来探讨如何解决这个世界的苦难，从而构建一个期许中更美好的世界。

如果苦是后天失调带来的，那么我推荐你听听牟其中的回答。被评价为"二十年前的马云""中国的埃隆·马斯克"的牟老，一个靠300元起家的中国前"首富"，一生三次入狱，皆因时代的影响。我以为生不逢时的他，会怨这个世界，会恨这个时代，但他竟然说：

> 我经历过很多次死亡，比如枪击，瘟疫，饥饿，从飞机上掉下来，但好像都搞不死我。所以，我碰见的问题只是时代的问题。其实我们每个人都是跟着时代的脚印在走，无论走错了还是走对了。
>
> 所以，我要感谢这个时代，因为它给我很多创造的机会。

听到这位已近耄耋之年却依旧拥有强大生命力的老先生的答案，初春的阳光里，嘴边的那口茶我迟迟咽不下去，眼泪忍不住落了下来。

那一秒，我才明白，为何宣称"如果不是我配不上这个时代，那就是这个时代配不上我"的叔本华，只可能悲观地留在世界哲学史上；而牟其中这样的人，才能真正积极地接住现实的暴雷袭击，以及有可能的如雷掌声。

事实上，我们的不快乐或者说不幸，都是被那些眼见的"恶""丑""假"所困扰。这些局部的不和谐让我们痛苦。

但正如黑格尔在《法哲学原理》（*Elements of the Philosophy of Right*）所呈现的：凡存在都合理，凡合理都存在。一切局部的假，是为了推动整体的真；一切局部的恶，是为了推动整体的善；一切局部的丑，是为呈现整体的美。

当我们被眼前部分的不合理所蒙蔽时，痛苦就产生；而当我们真正意识到，人的一切苦恼，都是修行和认知不到位、不全面、不通透的结果，我们才有可能真正深入提升自我认知。当认知到达一定的状态，明白破除表象和执着的背后，能真正洞察到整体的和谐，这时，我们便具备了一种洞察困难和丑恶背后的机遇与善意，发现不合理和不和谐的表象背后的真相与规律的伟大能力。

```
── EMPOWER WOMEN ──

  我们唯一要做的就是，在世上新鲜活泼地活着。

                                          女性的
```

从此，获得一份淡定和从容。它们，才可谓是真正的幸福。

要努力啊，努力在不断的绝境中创造自我、挑战自我。

因在绝望中迸发而出的，可以是鲜血，更可以是鲜花！

走过人类历史上都曾经过的那些路，而你不以为苦

年轻时的我，仗着些许姿色在情爱里是个飞扬跋扈的角色。我也曾一度将脾气不好怪罪自己的身体，年长父母的孩子大多体弱，先天元气不足。

大学之前，吃了多年的中西药。药吃多了也不好，伤肝伤肾。肝主意，肾主志。意不定志不坚，则更容易发怒。于是，这样的生理变化便流入一个诡异的恶性循环：身体越来越差，脾气也会跟着越来越坏；而脾气越坏，身体也会越发地差。

我困惑了很久。按理说，大自然是一个多么精妙的造物主，它怎会故意设计这样的身体和情绪陷阱让人们踩呢？或者说，到底要怎样才能从这样的恶性循环中走出来。

直到有一天，我看到吴清忠先生的诠释，才释然。他说：

> 这种破坏性的人体设计其实是一种考验。当一个人陷入情绪的恶性循环中，如果任其自由发展，将使情绪日益恶化，相应的器官问题也会日益严重；但是，如果有人能在恶性循环中，反省自己行为和思考的问题，调整自己的性情和行为，便能切除疾病的真正隐患。

连身体都如此，我们看到的世界更是如此。

如果陷入困境中，对抗挣扎不仅徒劳无益，更甚者会加速恶性循环；然而，从中抽离找到问题的症结，养好性情，找到修正自身的病母，将自己从艰难的囚徒困境中拔出来，甩掉泥巴，待潮水退去，生命的答案终将水落石出。

基于此，若再去问那些历经风雨，吃过苦头无数，却依旧在世间笑看风景的人物，什么是人生的意义？我猜想，他们会转头淡然微笑，而后轻轻说：

走过人类历史上人们都曾经过的那些路。

而你，不以为苦！

人的生命其实是有周期的，一个完整的生命周期包括：萌芽，蓬勃，衰落，重生。有人的一生永落低迷或完全顺遂，可惜都未能体悟过一个完整的生命周期。

而众观我的过往，虽然年岁浅些，但却沉浮起落。三十岁前后的节点，某种程度上已完整地经历了一个生命的周期。这也是近年的我，所求所向皆不在名利世俗层面，所言所行皆尽量坦诚，不设防更不戴面具。难为他人理解，但也绝不强求所难。

回国这几年看似艰辛的跋涉，我无异于是想道别过往的躯壳，寻求生命的一次重生。也特别感恩上天的赐予，对于许多人辛苦半生所追求的梦想生活，某种意义上是我已然踏足过的乐土；而我现在想去的地方却有着人迹罕至的荒凉。

相较沉溺于个人身心愉悦的梦想生活，对内在成长有着更大诉求的我并不满足。这也是为何我明知苦处遍地，却依旧选择重新回来，试图再次出发，回到复杂的社会旋涡里试图寻找一条更新、更光明、更适合"普世价值"的人生圆满之路。

虽然重生的过程屡屡受伤受挫，但这段经历却依旧值得百般体味，更让内里呈现出从未有过的坚强。

最终，当命运之轮再次轰隆隆地转动起来，我想：我们都将携手起来，以"爱"之名，踏上一条真实属于自己的大爱之路，遇见真正的幸福！

爱，是我们一生都要练习的主题

第二次世界大战后的日本，在重建家园中成长的迷失一代，又遭遇了经济泡沫的巨大破裂。于是，悲哀和迷茫弥漫了整个樱花国。《千与千寻》中的无脸男，某种程度就是当时日本社会空虚的具现：眼神空洞，内心迷茫，似对一切不感兴趣，却也饱含空虚被填满的期待。于是，他选择在错误之路上越走越远，在吞金吸银中不断膨胀，迷失在他人对自己所拥有金钱的苍白崇拜中，内在的空虚却也极速加剧。直到一个最需温暖的暴雨天，无脸男遇见了千寻——这个谢绝他金银的女孩，却温柔地问他："你被雨淋湿了。我为你留门，好吗？"

在这小小的举动背后，无脸男感受到了久违的真诚与善意。他的心门慢慢打开，逐渐释放掉贪婪的能量，成为一个温暖的人。

无脸男实是不少人的人生缩影，但大部分人并无千寻拒绝诱惑的勇气，更多人在功名利禄中逐渐迷失自我。蓦然回首，却发现想要的并非前簇后拥的纸醉金迷，而是一份简单的幸福。《千与千寻》的作者宫崎骏曾说："现在的社会越来越暧昧，好恶难辨。用动画世界里的人物来讲述生活的理由和力量，就是我制作电影时所考虑的。"

艺术的夸张，往往来自更魔幻的生活。纸醉金迷却高歌猛进的金钱社会不正是《千与千寻》中，汤婆婆运营看似繁华却污垢重重的油屋吗？在财富和欲望中醉生梦死，忘记初心和本善的不正是这世间的众生百态吗？然而，日本社会所经历的并非它所独有，而是当下时代里人类命运的共同写照。当人们终于解决了生理上的饥饿和物质上的贫穷后，精神贫瘠的人又再次遭遇心灵没有归宿的痛苦。

身处当下的我们，到底该何去何从呢？

爱自己，按自己想要的方式

将爱落到实处的第一步，便是真正开始爱自己。

麦家对远行读书的儿子说：

　　从此，你就成为自己的父母，饿了要自己下厨，乏累了要
自己放松，流泪了要自己擦干，生病了要自己去寻医生。

这份看似简短的信中深藏着一位父亲对儿子的拳拳之爱，更有一
个生命个体对另一个个体传授的重要生存经验：学会爱自己。

我曾是一个特别不会照顾自己的人：吃饭简单含混而过，睡觉有
地就酣睡如常。大大咧咧的习惯不仅在为人处事上，也在照顾自己的
生活上体现得淋漓尽致。然而，世间的一切都是平衡的。生命不足的
部分，老天爷定会让你以意想不到的方式，回炉再造直到学好为止。

直到去英国念书，一个人的生活才开始真正落地。和四五个不同
国籍的室友挤在同一个公寓，蜗居在不到十平方米的学生宿舍，骑着
破旧的四手或五手自行车在学校、宿舍、超市之间来回切换。简单快
乐的学习生活之余，才恍然大悟：一个人真正生活所需的，也不过如
此简单。等到终于回国，间或大病一场，无人照顾的房子里，自己打
开炉灶，烟火缭绕的那个瞬间，才欣然发现：这些自己多年前拼命要
逃离的平凡，却终在柴米油盐的日常中得到治愈。

所以，当生活在平淡安稳和艰难困苦中起起伏伏时，我开始努力练
习独自从困境中出走的方式：一个人去面对疼痛，一个人去面对伤疤，

一个人去处理难题，一个人去褪掉保护色。终于有一日，我才开始明白：自己所需的不多，但须自己精心呵护。

圈于人群中的我们，常被他人的目光所左右。

但事实是，他人眼中的我们，其实也没有那么重要。《楚门的世界》里那些看楚门节目多年的观众，悲喜却从未真正相通。电影的最后一个镜头是：当楚门终从"囚笼"中逃脱，导演终止了直播，电视机上出现雪花。观众对屏幕上的雪花，并未表现出太多不舍："来，让我们换个频道吧。看看还有别的啥好看的。"

原来，我们如此珍重的生活与自我，在他人眼里也不过是闲余碎片而已。因此，对他人目光的过分在意，实属没有必要。与其纠结他人的看法和社会的评判，不如踏实地和内心对话，感受自己真正愉悦的生活。

对向往理想生活的人而言，城市或县城或村庄，在这里或在那里，都不过是一个具象的地理位置，而非终极的解决方案。

要找到并活成真正向往的样子，我们需要在书本、旅途、工作等各种可能的途径和疆域里，寻找到某个人、某类事件、某种经验来打破自己原有思维的僵局，在更大意义上拓宽自己包容度和能见度的同时，我们的视野也因此更深远、更清透。

正如《失落的一角遇见大圆满》（*The Missing Piece Meets the Big O*）中所说：

　　她不断地尝试，失败，再尝试，又失败。不过，她这次并不放弃认真关心自己的身体与灵魂，而且也不再等待男人的疼爱与慰藉，她要好好爱自己。她不知道自己的未来会走向何方，但是她再也不会感到恐惧与害怕，她只是很努力地学习一切，并且面对人生中的各种挑战与困难。

　　她，也真的成为一位独立无依的女人。

　　逐渐从外在的物欲和权力争夺中，从外人的情感和爱恋依附中抽离出来，和自己对话，倾听自己内心所需，并终按自己所要的方式来爱自己，这便是爱的起点，更是爱的重点。

　　其实，要足够的幸运，我们才能有足够时间体验完人间的悲欢离合、生老病死。生命中总会有很多人或很多事，以痛苦甚至憎恨的方式教会我们成长；也会有很多我们爱且爱我们的人会因各种各样的原因或中途离场或生死告别。即便如此，人生是一条无法倒车更无法逆行的单行道。命运的轨迹难以更改，毕竟天地不仁，以万物为刍狗。

　　而在这天地间的你我，又能做什么呢？

　　生命如花，绚烂短暂。

　　花开很美，但会凋谢。它陨落的目的是因其生命的下一个阶段会到来，果实要开始成熟了；人有青春，但会枯槁。但在青春失去的过程中所滋生的顽强生命力和丰富的人生智慧也会渐次到来。生命的过程就是在不断地丢弃和超越中流转：只有割舍了青春的我，才能走进成熟的我；只有割舍了幼稚的我，才可能进入沉稳的我。

因而，当生命的困境发生，可以哭泣，可以悲伤。然后，想象自己是一只飞鸟，任由微风轻抚树权，停于高树之上；抽离当下时空，不动声色地鸟瞰自己和周边的环境，真正感受这份辽阔的上帝视角：也许悲伤而宽广，但却客观地俯视世间发生的一切悲欢离合；也许寂寞而嘹亮，但却如常真实的感受并接纳生命每个阶段的来临！

爱他人，爱世界，带着不灭的希望

幸福不光是个人问题，它更是一个社会问题。不论在世界的哪个角落，与幸福对立的信息都会扑面涌来，比如疾病、死亡、抑郁或自杀。当世界都迷茫着惊恐与哀号的时候，具有社会群体属性的人类个体，很难独善其身，独自快活。换句话说，此时我们需要的不仅是自己幸福，还需在自己能力范围内，对身边有需要的人们伸出援手让其逐渐快乐起来。

幸福实则是全社会幸福总量的极大化。这便是深入人类基因和中华文化中的"先天下之忧而忧,后天下之乐而乐"的社会责任与担当。

《我亲爱的甜橙树》讲述了在温饱匮乏的世界里，爱终成为最高的救赎。爱救赎了在苦难中挣扎，本会顺着淘气一路下滑到社会底层的小泽泽：老师派姆耐心地教育他成长，更细腻地关心他生活上的点滴；

老葡则用爱温暖着泽泽，给其热情的拥抱和幸福的光明。在这样的善意里，小泽泽从迷失和茫然中走了出来，他成了学校的天使！

当然，泽泽是幸运的。

在苦难之中，在贫困之中，在挫折之中，我们也需这样一份温暖和阳光，来抵御生命的寒冷，以避坠入永无光明的黑暗。我们也是幸运的，我们既可以选择做泽泽，享受温暖；也可以做老葡，给予温暖。

当人被赋予了生命，一方面人需要将生命活到极致，活出最好的可能性；另一方面，也同样需要牺牲和奉献。在这两者之间的重要之道，便是在寻求自我的完成和利他的奉献中的一种平衡：在给和得之间，温暖在传递，爱意在流动。而平凡如你我，也将在爱中得到永生。

　　我们尝试朝向世界，看向主流社会当中种种边缘的、弱小的、另类的人群，我们去经由女性去看向形形色色像女性这样的曾经被指认为他者、被放逐在文明之外的人群，看他们的创造、看他们的累积，重新发现他们对于人类的资料性的价值。

戴锦华老师的这段话不只针对女性，更从女性出发探讨到整个人类对个体幸福意识追逐的强势崛起。然而，当物欲被满足，甚至因过于满足至腻烦时；当情欲被宣泄后，空虚乘机来临时；当真情被颠覆，人情变得世故脆弱时，只有锁住个人欲望的深渊，去寻找一个比自身利益更大生命的价值包容，才能在宏大的生命场景中找到自己人生意义的归宿。

对此，中国古典文学学者郦波老师曾建议道：

> 每个人的生命就像一滴水，就算你再饱满，放在阳光下没多久就被蒸发掉了。这滴水不被蒸发的唯一方法：是将自己放入长江大河，汇入汪洋大海之中。

将自己这滴水融入大江大海的唯一指向，便是学会如何施爱于人，并去接受爱。没有了爱，我们便成了折断翅膀的小鸟。生如芥子有须弥，心似微尘藏大爱。对比越沉迷越堕落的低级快乐，拥有越多越体现人类尊严的幸福，与整个人类的生活越发紧密相关。正因这份共同命运的善意和互动，人类迎来了追求幸福的最好时光。

让我们努力挣脱命运的枷锁，甩掉昏睡于困境时沾身的露珠，洒脱地好好去爱吧：就像未曾受过伤，带着不死的希望去冒险；就像未曾遇见过难，带着不灭的希望去爱吧。

至此，苦难则不堪一击，幸福将所向披靡！

2013 年，担任上市公司总裁助理期间，参加时任特首梁振英出席的香港深圳社团总会活动。

2010 年，在凤凰卫视做记者期间，为《龙行天下》节目采访斯里兰卡总统。采访前的准备中。

2019 年，主持深圳宝安区中华诗词杯大赛。

2019 年，组织并参加慈善晚宴。 ▶

请勇敢地做自己，认真地爱自己吧！

我常去的一间小众咖啡厅，隐匿在一个青年社区之中。

我喜欢轻装便衣鸭舌帽，坐在东南角的临街座位上，迎着高楼间凉爽的风，赏来往人海里的绮丽：骑自行车彼此追赶得满头大汗的少年，举着七彩气球嘟嘟囔囔的小胖墩，以及一对对或亲密或暧昧的自在情侣。

更让人瞩目的，还有那些无论天气如何寒冷，总是迎风或冒雨穿迷你裙、细高跟的小姑娘，精心打扮一番，香喷喷地走在人们的视野里。无论回头的人是诧异或羡慕，她们都是骄傲和怡然的。

每每遇见这样的女孩儿，我都忍不住低头莞尔，不敢有半点的嘲讽，满满都是对青春的欣赏与回望：这样肆意的年轻张扬，我也曾走过。亲爱的女孩，我懂你们！正如，我懂那些在过往岁月中飘摇的自己。

在人生的每一次旅途里，我都未曾停止过尽力奔跑。这些年的波澜人生，在曾经的同学和友人看来，多少是令人羡慕的。

然而，只有自己知道，这些年的她，一个人蹚过了多少悲伤和苦痛的河流。一路都看着我的母亲和姐姐也一度心疼：只有我们看见，你在别人艳羡的背后付出过怎样的努力和刻苦；也只有我们知道，你在看似无所作为的日子里，依旧保持着怎样的清苦和自律。

有时候我们之所以陷入困境，不是因为不够努力；而是恰恰相反，大多时候是因为太过努力，而走错了方向。正因如此，年轻的张扬和肆意我懂，青春的无奈和迷茫我知。

对于女性成长的方向而言，最好的姿态并非永远停留在飞扬浪漫的青春岁月，而是在回溯中寻找到涅槃重生的真正力量。对比过往粗犷生长的经济社会，当下时代的人们对精神层面的成长有着更高远的诉求。而在这个社会被滋养的过程中，女性的力量不可被忽视。

成为一个天地间真正杰出的大写之人

古今中外，早有许多人格独立、光辉璀璨的女性不能被遗忘：

◇ 1946 年，何泽慧首先捕捉到世界上第一例四分裂径迹的铀核"三分裂"现象，研究出原子弹点火的关键技术，被称为"中国的居里夫人"；

◇ 1955 年，作为中国现代妇产科学奠基人，林巧稚当选首届中科院唯一女院士，一生未婚却亲自接生数万名婴儿，被称为"万婴之母"；

◇ 1993 年，金斯伯格宣誓成为美国历史上第二位女性最高法院大法官，身患五种癌症，抗癌二十一年，一生致力于平等与妇女权益保障；

◇ 2007 年，陈冯富珍正式就任世界卫生组织总干事，将女性健康保护列入防控事务重点，在职期间领导了"全民健康覆盖"的全球运动，以及对若干重大全球卫生危机的全球应对；

◇ 2021 年，北京同仁妇产科主任医师段仙芝，以"来自草原、回到草原"的精神推动内蒙古鄂尔多斯成为我国免费接种 HPV 疫苗第一城……

事实上，除了她们，还有许多为人类作出卓越贡献，却被历史抹去名字的女性们：

◇ 首次发现性别染色体，破解性别之谜并为 y 染色体命名的人是美国生物学家内蒂·史蒂文斯（Nettie Stevens）；

◇ 作为苏黎世联邦理工学院数学与物理专业的第一名女学生，米列娃·马里奇（Mileva Maric）的名字常被隐匿在丈夫爱因斯坦的光环之下。即便爱因斯坦信中多次提到"我们的研究"等，更有不少学者证实马里奇对相对论理论有一定贡献；

◇ 第一个从理论上解释核裂变现象，奠定原子弹和核能使用理论依据的是奥地利—瑞典物理学家莉泽·迈特纳（Lise Meitner）；

◇ 研究不可裂变铀 238 与可裂变铀 235 分离的方法，成功验证宇称不守恒定律的是中国核物理学家吴健雄，但诺贝尔奖上却没有她的名字……

　　事实上，无论这些伟大的女性是否登上高处拥显赫名望抑或被历史湮灭落入尘埃，这些熠熠生辉的名字下，皆安住着放下托付心态、弱者思维，努力走向高处，成为自己人生主宰者和决策者的不屈灵魂。她们，是照亮普通女性平凡却不平庸人生的嘹亮灯塔。

　　请为每一位登上高处的女性喝彩的同时，也为所有暂时无法站在山巅，但从未停止攀登，活出真实而自我的人生的女性喝彩。

　　诚然，在不安的时代里，外界的变数大多不可预测也无力回转。人们能给予自己的最强有力支撑都源于内在滋生出的笃定力量，让自己能随时重新开始，让自己立于不败之地。

　　这样的我们，才有可能在人生历经变数时，拥有任我驰骋的一方辽阔疆域；在面对惊涛骇浪的坎坷不平时，握有挺过难关，渡过浩劫的一寸精神浮木。

　　这种乘风破浪的硬朗，不仅对于女性，对于所有生活在现实里筋疲力尽的人们，都是重要的。因为所谓的男性气质和女性气质都非天生，而是后天建构的产物。在生命这场奇妙的探索中，只有能集女性的柔美与男性的刚毅于一身，铸就敏感与执着并行的雌雄同体之灵魂，才能够调动自己内在的全部潜能，成为一个天地间真正杰出的大写之人。

让我们一起迎着光，面向难不畏前行

不只是女性，每个人的一生都有不同的艰难要度过。在一个更美好的社会里，我们期待当下的强者能俯下身来，看到并递给弱者一份力所能及的帮助；而此刻正在窘迫中挣扎的弱者，同样也能滋生出自我抽离和蓬勃向上的力量。

在当下的时代，除去家庭的助力和社会的帮扶，一个女性的成长，还离不开一个"girls help girls"的共情和同理，离不开女性对一个平等、公正、自由、尊重的社会的共同期待与努力。

《女性的力量》一书的完成便是女性合力的最佳证明：它起意于五年前受邀深圳女性文化沙龙主持人刘琴姐关于《如何成为乘风破浪的女性》的演讲邀约，立足于线上线下大量热情的年轻女性听众们关于各种生命困惑的诸多提问；而当书稿逐现雏形，与中资海派社长桂林姐一见如故，知音难觅，原定的沟通超时五小时之多依意犹未尽，在接下来的出版过程中，从桂林博士到董莹雪总编，从编辑心遥老师到中国科学技术出版社的刘畅老师，从设计师安宁老师到吴颖老师，从西南政法大学人权学院到传媒学院的老师们，许多人无不为此书殚精竭虑倾尽心力。

此刻，当它悠悠然地出现在你的手间，并非轻而易举唾手可得，而是众多女性勤勉合力表达的产物。当孜孜以求的女性们，从争风吃醋的雌竞中出走，她们成就的是比海洋更宽广的胸襟，比太阳更耀眼的情谊。

在波涛汹涌的激荡力量里，在绵延不绝的春日暖阳里，这些善良温柔又有力量的女性们，以时间与努力共同积蓄着坚韧的磐石，试着抵御风浪过险滩，赤胆策马惊浩瀚！

身为个体，一个人的力量是微弱的。但每个时空、每个社会的点滴进步，皆来自勇敢的人们一起手牵手，爱自己，爱他人，迎着光面向难，不惊、不怖、不畏前行。

请相信：

我生来就是高山而非溪流，我欲于群峰之巅俯视平庸的沟壑。

点滴星光终汇成璀璨大海，一同构筑灿烂宇宙最动人的星空！

READING YOUR LIFE

人与知识的美好链接

20 年来，中资海派陪伴数百万读者在阅读中收获更好的事业、更多的财富、更美满的生活和更和谐的人际关系，拓展读者的视界，见证读者的成长和进步。

现在，我们可以通过电子书（微信读书、掌阅、今日头条、得到、当当云阅读、Kindle 等平台），有声书（喜马拉雅等平台），视频解读和线上线下读书会等更多方式，满足不同场景的读者体验。

关注微信公众号"**海派阅读**"，随时了解更多更全的图书及活动资讯，获取更多优惠惊喜。你还可以将阅读需求和建议告诉我们，认识更多志同道合的书友。让派酱陪伴读者们一起成长。

微信搜一搜　🔍 海派阅读

了解更多图书资讯，请扫描封底下方二维码，加入"中资海派读书会"。

也可以通过以下方式与我们取得联系：

📱 采购热线：18926056206 / 18926056062　　📞 服务热线：0755-25970306

✉ 投稿请至：szmiss@126.com　　🌐 新浪微博：中资海派图书

更 多 精 彩 请 访 问 中 资 海 派 官 网　　www.hpbook.com.cn ›